Tasty Food
食在好吃

U0363281

爱健康 | 爱生活   凤凰含章
Phoenix-HanZhang

Tasty Food
食在好吃

一人食
汤粥饭

杨桃美食编辑部 主编

江苏凤凰科学技术出版社　凤凰含章

图书在版编目（CIP）数据

一人食汤粥饭 / 杨桃美食编辑部主编 . –– 南京：
江苏凤凰科学技术出版社 , 2015.7
（食在好吃系列）
ISBN 978–7–5537–4558–9

Ⅰ . ①一… Ⅱ . ①杨… Ⅲ . ①汤菜 – 菜谱②粥 – 食谱
③主食 – 食谱 Ⅳ . ① TS972.12

中国版本图书馆 CIP 数据核字 (2015) 第 102762 号

一人食汤粥饭

主　　　　编	杨桃美食编辑部
责 任 编 辑	张远文　葛　昀
责 任 监 制	曹叶平　周雅婷

出 版 发 行	凤凰出版传媒股份有限公司
	江苏凤凰科学技术出版社
出 版 社 地 址	南京市湖南路 1 号 A 楼，邮编：210009
出 版 社 网 址	http://www.pspress.cn
经　　　　销	凤凰出版传媒股份有限公司
印　　　　刷	北京旭丰源印刷技术有限公司

开　　　本	718mm×1000mm　1/16
印　　　张	10
插　　　页	4
字　　　数	250千字
版　　　次	2015年7月第1版
印　　　次	2015年7月第1次印刷

| 标 准 书 号 | ISBN 978–7–5537–4558–9 |
| 定　　　价 | 29.80元 |

图书如有印装质量问题，可随时向我社出版科调换。

目录
CONTENTS

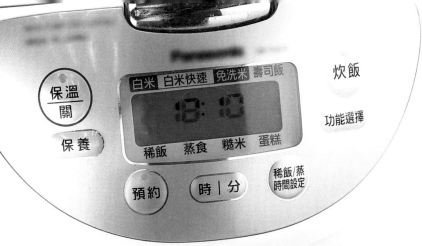

保溫/關
保養

白米 | 白米快速 | 免洗米 | 壽司飯
18:10
稀飯 | 蒸食 | 糙米 | 蛋糕

炊飯
功能選擇

預約 | 時 | 分 | 稀飯/蒸 時間設定

PART 1

电饭锅熬汤
煮饭多学问

一个电饭煲，熬汤、煮饭、熬粥都不在话下，只要花点心思，哪怕只有一个电饭锅，汤粥饭，一日三餐一样可以变出多种花样，让你吃得美味又健康！

认识米，
煮饭煮粥会更好吃

选米绝招

面对市场上琳琅满目，不同种类、不同品牌、不同价位的米类，该如何选购？

绝招 1
避免选购有破裂受损、斑痕米粒的米

破裂受损的米，淘洗时可能会完全断裂，炊煮过后会口感太黏，严重影响风味与口感。

绝招 2
选择圆润饱满、颗粒大小均匀、半透明的米

颜色过白的米代表尚未成熟，米心即使煮熟之后仍会太硬，影响口感，因此要选择米粒圆润饱满、颗粒大小均匀、半透明的米。

绝招 3
选择品牌米

选购国家认证的品牌大米。这些大米采用真空包装，米粒饱满、透明有光泽，是爱好高质量产品的消费者最佳的选择。

注：

1杯≈180~200毫升

1碗≈500毫升

1大匙≈15克

1小匙≈5克

储藏米粒重点

大米储存若稍有不慎，容易造成米粒变黄、失去光泽、质量变差，煮出来的米饭黏度降低，韧劲儿消失，吸水性增加，口感变差，因此米买回家后，采用正确的贮藏方法可保持米的鲜度、风味不变。

重点1
需储放在阴暗、干燥、低温的地方

米买回家以后，应该马上放置在清洁保鲜的密封袋、保鲜盒里，或以桶盛装，并储放在阴暗、干燥、低温的地方。

重点2
开封后未能于短期内食用完的米应置于冰箱中

冰箱里低温、干燥、阴凉，而且不容易受到虫蛀，完全符合保存米的环境要素，较能确保米的新鲜度及香甜、弹性的口感。冰箱里的蔬果保鲜室温度最适合米的保存；但请注意，不要将米放在冰箱内冷气出风口前，因为过度的干燥与低温也会影响米的质量。

重点3
注意保存期限

一般米在5~10℃中储存，保存期限为3个月；而在室温储存，保存期限夏季为1个月，冬季为2个月。另以真空包装或充二氧化碳包装的米，在 5~10℃或 15~20℃中储存者，保存期限为8个月；在室温储存者为5个月。

重点4
不宜一次买回太多量

小包装形式的米，只是量的不同，并非能永久保持质量不变。故买小包装米时，应考虑食用量和食用期限，不宜一次买回太多量。买时应认明碾制日期及保存期限。

不同米,煮法也不同

糙米

　　田间收获的稻谷,经加工脱去谷壳后就是糙米了。日本称为玄米,给予适量的水温让其发芽,即为发芽米,糙米保存了最完整的稻米营养。洗净沥干后放置2个小时以上,米与水的比例约为 1:15。

小米

　　小米即粟米粒的俗称。较一般杂粮作物耐旱、抗病虫害、生长期短,风味特殊,营养丰富,含蛋白质、纤维素及维生素等。洗净、沥干后放置 30~60分钟,米与水的比例为 1:0.8。

红米

　　红米是糙米的一种,不同于一般淡黄色的糙米,是因红米留有较多未被辗去的表穀,因此色泽较深,保存的营养也较多,但口感略显粗糙。洗净沥干后放置30~60分钟,米与水的比例约为 1:15。

黑米(紫米)

　　黑米有两类,稻米种与小米种。黑米外表黑黑的颜色,主要是因为米粒外部的皮层含有花青素类色素与特有的黑色素。黑米不易煮烂,因此煮前应先浸泡一夜。洗净沥干后放置 30~60分钟,米与水的比例约为 1:15。

大米

　　将糙米碾去米糠层及胚芽，所剩下的胚乳就是大米，因为没有硬硬的外壳，所以大米吃起来比较甜而软。仔细观察大米都会少一角，其实少的部分就是种子的胚芽。米粒的胚芽虽富含营养，但脂肪含量高，容易发霉变质，因此农人或米商为了米粒口感及长久储存考虑，就将米糠及胚芽辗去，留下大米。

发芽米

　　糙米经超音波强力洗净去除表面杂质及灭菌，以温水进行18~22个小时的发芽处理，提升营养成分达到高峰后，停止发芽程序，再经低温干燥后制成发芽糙米。洗净沥干后放置2个小时以上，米与水的比例约为1:15。

煮一锅好吃菜饭的秘诀

菜饭做法非常简单，只要将喜欢的食材与调味料混合煮熟，就可以吃饭了。但是要让这锅饭美味到是有些秘诀，懂了这些小诀窍，你的菜饭就会美味无比！

秘诀1 肉类海鲜先汆烫

通常都是将材料直接入电饭锅烹煮，但如果多了汆烫这个步骤，不管是海鲜还是肉类都会更好吃。通常买回来的肉及海鲜表面都有一些污血、杂质，就算清洗也不见得都能去除，直接下锅煮会让一整锅饭都充满杂质及腥味；事先经过沸水汆烫过后，整锅菜饭就会更爽口。此外汆烫还有一个妙用，就是食材表面烫熟后，可以将鲜味锁住，不会在电饭锅炖煮中让食材本身的鲜甜完全释放出来。

秘诀2 加入红葱油增添香气

菜饭在烹调过程中因为没有经过热油爆香，所以会少点香味。为了弥补这点遗憾，不妨在菜饭起锅后，拌入一点红葱油，就可以增添点油香味。因为红葱油是经过油炸萃取出来的，不但有油香更有红葱头加热过的味道。当然如果没有红葱油，也可以在起锅时拌入少许其他的食用油来增添香气。

秘诀3 拌入葱花、蒜蓉提味

葱花、蒜蓉这些画龙点睛的配料要加入菜饭中，最好等饭煮好起锅前再加入。否则葱花会变黄变烂，外观跟口感都没那么好；而蒜蓉这类味道重的佐料，若加太多则会盖过其他食材本身的味道，除非特别想要强调，不然整锅菜饭味道就会变得过度复杂。

秘诀4 干货最好事先泡发

菜饭中为了增味，多少会加入一些味道浓郁的干料，例如：香菇、虾米、干贝、海带这一类干货用来提鲜增味。虽然说菜饭有放水一起蒸煮，干货放进去也可以煮软。但是如果没有事先将干货泡发这一步骤，鲜味就不易散发出来，煮好的干货口感也会非常干涩，一点都不美味，不如事先花点工夫将干货泡发，美味就加分。

秘诀5 以高汤取代水

煮饭非得加水一起蒸煮不可，不过菜饭本身就是强调集食材、调味于一体的料理，加水不如加点高汤一起煮，汤头里的鲜味就会被大米吸收，煮成饭之后每一粒米饭都吸收了汤的鲜美精华，想不美味都难。而菜饭就是要省时间，使用的高汤不必再花时间熬煮，只要使用市售方便的高汤块先用热水调开，就能为你带来方便的美味。

秘诀6 食材可分次加入

菜饭基本料理原则是一起煮，但是像容易煮黄煮烂的绿叶菜类和需要长时间炖煮的根茎类蔬菜一起煮的话，绿色叶菜肯定又烂又无味。因此最好分次加入，不好熟的食材可以和米饭杂粮一起煮，等到快熟的时候甚至煮好后，易熟的食材再丢入电饭锅中，焖到熟就可以了。

秘诀 7 食材形状大小一致

基本上菜饭最后都要拌在一起享用，因此食材大小形状最好切得一致，拌在一起才会均匀。如果每一种食材大小形状差别甚大的话，食材入味的程度就会不一，美味也会不均匀了。

熬汤前食材的处理

步骤1 氽烫肉，让汤清澈

无论鸡肉、鸭肉、猪肉、猪排骨等肉类煮汤前要先氽烫过，方法是冷水下锅再开火慢慢加温，待煮开后，保持滚沸状态3分钟，让肉外层略熟，再捞出用冷水清洗冲除浮沫。如此一来可以让煮出来的汤头不混浊，保持清澈透亮，会更好喝！

步骤2 善用葱姜酒去腥

煮汤最怕有腥味，我们可以使用常见的去腥材料来去除腥味，像是老姜去皮切片、葱取葱白切段、汤中加入米酒或绍兴酒，这些都能去除腥味并提升鲜味，也是让汤变好喝的秘方。汤中加入姜片、葱白段，可以先用牙签串起，煮完后方便捞除。

步骤3 煎鱼去腥增香

肉类适合用氽烫法，但对鱼类海鲜可不适用，鱼要使用的是另一种去腥法！鱼洗净处理完内脏、鱼鳞后，先用纸巾吸干水分，再放入锅中煎至金黄，同时加入葱段、姜片一起煎香去腥。煎完的鱼再放入锅内煮汤，就没有鱼腥味！

步骤4 干货浸泡更易熟

煮汤经常用到豆类、干货及药材，这些干货可以在药店购买，也可以在超市买到。干货在煮汤前通常要先泡水软化再烹煮，如果泡水时间不足，吃起来口感会很硬。建议提前一晚浸泡，制作当天才不会手忙脚乱！

步骤5 使用胡椒粒替代胡椒粉

煮汤时尽量用胡椒粒取代胡椒粉，这个小步骤是为了让汤保有胡椒的香气，而不会因为加了胡椒粉而让汤变黑，影响美观清澈度。如果是用煤气炉煲汤，炖煮3~4个小时，那么用整颗胡椒粒即可，煮久了胡椒粒会自然爆裂开来；但这里用电饭锅，烹煮时间较短，因此煮之前要将胡椒粒压破，味道才会散发出来！

步骤6 水量盖过食材

最后就是内锅中的水量要完全盖过所有食材，如果有食材露在水面外，不但不容易熟透，且煮完后露出来的部分会因流失水分，显得微干且老涩。

煮汤的主材料

鱼肉

　　鱼汤营养高热量低的特性，最适合营养过剩的现代人食用。煮鱼汤通常会洗净去鳞，切成大块，因为水产类味道较腥，所以会加入姜去腥，使味道更鲜美。

排骨

　　猪肉最常拿来熬汤的部位就是排骨。无论是带肉的排骨还是大骨，熬煮时可加一点醋，使骨头中的钙质充分释放出来，久煮之后，排骨汤会变得油腻而且浓郁。喝前最好先捞除表面的浮油，这样喝起来不仅不油腻，又能喝到汤中富含的营养成分。

牛肉

　　牛肉富含多种矿物质、维生素和蛋白质，一般认为有强筋健骨的作用，适合需要补充大量蛋白质的人，像是儿童、运动员或是孕妇。牛肉汤的口味有清炖、红烧、茄汁等，可以根据自己的喜好选择。牛肉因为肉质较韧，所以像牛腱、牛筋、牛腩和牛骨等部位，都很适合拿来熬煮牛肉汤。

鸡肉

　　鸡肉是最常拿来煮汤的肉类食材之一，容易取得，营养价值高。煮鸡汤可用全鸡、鸡腿、鸡翅或鸡骨等部位，熬汤最好用适合久煮带骨的肉块，肉质才不会变干涩。煮鸡汤除了主材料外，还会放些香辛料、蔬菜或是中药材，来增添鸡汤的风味。

食材的处理方法

刮鱼鳞

虽然买回来的鱼都已经请鱼贩去鳞片了，可总有一些小部位没有刮除干净，最好自己再用刀细心刮除一次，如此不仅口感更好，也更干净。另外也可以用剪刀剪除鱼鳍，吃的时候才不容易被刺到。

清洗内脏

猪肚、猪肝等内脏都经常拿来炖汤。可是内脏常有薄膜或分泌物，更需要细心清理。生猪肚买回来后，经冲水、清洗、汆烫，还要翻过来刮除内部的白膜，要安心吃内脏，处理的步骤一个也不能少。

去皮

现代人十分强调健康概念，即使喝汤也要少油，重原味才是王道。鸡皮是油脂的来源，用鸡肉煮鸡汤，入锅前可以先将鸡皮去除，这样煮的汤就不会表面浮着一层鸡油。

汆烫

很多人都知道煮汤前肉类要先经汆烫去血水，可是餐厅的煮法不只是这样，会将肉类汆煮至八分熟，再取出放至汤锅中，加入水熬汤，这样汤汁才会清澈，也不需要边煮边捞浮沫。

煮汤的最佳配角

米酒

用糯米发酵而成的米酒，是烹调时的最爱。麻油鸡、姜母鸭都需要大量的米酒。四神汤煮好后，加点米酒可以去腥提味，味道更佳。

时蔬

除了肉类之外，还可以加入蔬菜的根茎来煮汤，汤头会更甜。像是萝卜、金针菇、西红柿、莲藕或是圆白菜等，都很适合拿来熬汤。

香辛料

葱、姜、蒜都是常用的香辛料，不过蒜头多用在煮肉骨茶，比较少拿来熬汤。肉类和鱼类都会有腥味，所以熬汤时一定要加葱或姜来去腥。

药材

红枣、枸杞子、当归、人参等药材都是煮汤的常用材料。随着节气和每个人的需要不同，可选取补气、补身的药材来进补，加了药材熬煮的汤头，喝起来也会更有层次。

PART2

香浓鸡汤，
滋阴补肾补元气

一碗香浓的鸡汤，总是让人感觉无比的温暖，似乎看到了小时候被妈妈悉心照顾的自己。滋补的鸡汤，看起来需要花好多的工夫去炖煮，其实，只要一个电饭锅、一只鸡，甚至只是鸡腿或者鸡脚，加一些辅料，就可以熬出一锅美味鲜香的鸡汤。

鸡汤好喝，
前期处理很重要

1.彻底清洗

　　鸡肉大都已经处理好了，但多少还是会沾染上血污与灰尘，所以一定要彻底清洗，多冲洗几次清水。

2.事先氽烫

　　氽烫最大的作用在于将存于内部的脏污和杂味进一步去除，氽烫后记得要再次冲洗干净，此外经过氽烫能锁住鸡肉的肉汁，不易干涩。

3.烫完泡凉

　　氽烫后马上泡冷水，可以让口感滑嫩，快速冷却可以维持肉质弹性，也能吸收较多的汤汁。

芥菜鸡汤

材料
芥菜200克、干贝2颗、土鸡肉1/2只、姜30克、枸杞子1大匙、水8杯

调料
盐少许、料酒2大匙

做法
1. 干贝泡料酒放入电饭锅蒸10分钟，软化取出剥丝备用。
2. 土鸡肉切大块，用热开水汆烫、沥干备用。
3. 芥菜洗净切段；姜洗净切丝；枸杞子洗净沥干，备用。
4. 取一内锅放入土鸡块、芥菜段、姜丝、枸杞子及8杯水，撒上干贝丝。
5. 将内锅放入电饭锅中，盖锅盖后按下煲汤开关键，待开关跳起加盐调味后即可。

美味关键 现在电饭锅大多具有煲汤功能，如果不具有此功能，在炖煮时要注意烹煮时间，不要等开关键跳起，以防煮干！

八宝鸡汤

材料
八珍药材1帖、小土鸡1只、红枣6颗、水8杯

调料
盐适量

做法
1. 八珍药材、小土鸡洗净；将八珍药材用纱布袋装好备用。
2. 取一内锅放入八珍药包、小土鸡、红枣及8杯水。
3. 将内锅放入电饭锅，盖锅盖后按下煲汤开关，待开关跳起后加盐调味即可。

备注：1杯水为180～200毫升

美味关键 八珍药材中药店就能买到，如果不想在喝汤时喝到药渣，记得用纱布袋将药材装起来再入锅。

糙米炖鸡汤

材料

糙米	1/2杯
土鸡	1只
枸杞子	10克
姜片	15克
水	6杯

调料

盐	少许

做法

① 糙米浸泡一晚，洗净用果汁机打碎备用。

② 土鸡肉切大块，用热开水汆烫，沥干备用。

③ 取一内锅放入土鸡肉、姜片、打碎的糙米、枸杞子及6杯水。

④ 将内锅放入电饭锅中，盖锅盖后按下煲汤的启动开关，待开关跳起加盐调味后即可。

香菇竹荪鸡汤

材料
干香菇8朵、竹荪5条、土鸡1/2只、姜片10克、葱白2根、水800毫升

调料
盐1/2小匙、鸡粉1/2小匙、绍兴酒1小匙

做法
1. 土鸡剁小块、汆烫洗净；老姜片、葱白用牙签串起；干香菇泡水至软，剪掉蒂头；竹荪泡水，剪成3厘米段，备用。
2. 取一内锅，放入鸡块、姜片、葱白、泡好的香菇以及竹荪，再加入800毫升水及所有调味料。
3. 将内锅放入电饭锅里，盖上锅盖、按下煲汤开关，煮至开关跳起，捞除姜片、葱白即可。

美味关键 煮汤要使用干香菇才会散发出独有的香气，如果用新鲜香菇就不会有香菇的鲜味。

牛蒡鸡汤

材料
牛蒡茶包1包、红枣6颗、鸡腿2只、水5杯

调料
盐适量

做法
1. 红枣洗净备用。
2. 鸡腿用热开水汆烫，沥干水分备用。
3. 取一内锅放入鸡腿、红枣、牛蒡茶包及5杯水。
4. 将内锅放入电饭锅，盖锅盖后按下煲汤开关，待开关跳起后加盐调味即可。

竹笋鸡汤

材料

竹笋	2支
土鸡腿	1只
姜片	4片
水	8杯

调料

市售冬瓜酱	2大匙
盐	适量

做法

1. 竹笋剥壳切块备用（若无新鲜竹笋可用真空包装绿竹笋替代）。
2. 土鸡腿切大块，用热开水汆烫、沥干备用。
3. 取一内锅放入竹笋块、土鸡块、市售冬瓜酱、姜片、盐及8杯水。
4. 将内锅放入电饭锅中，盖锅盖后按下煲汤开关，待开关跳起即可。

柿饼鸡汤

材料
柿饼3个、枸杞子10克、土鸡腿1只、水8杯

调料
盐少许

做法
1. 枸杞子洗净；土鸡腿切大块，用热开水氽烫沥干，备用。
2. 取一内锅放入鸡腿块、柿饼、枸杞子及8杯水。
3. 将内锅放入电饭锅，盖锅盖后按下煲汤开关，待开关跳起后加盐调味即可。

美味关键 柿饼表面的白色粉状物质是柿子干燥后天然释放出来的糖霜，不要洗掉，如果不放心可以稍微冲下水，但不要搓洗。

清炖鸡汤

材料
土鸡块600克、姜片5克、葱段30克、水1200毫升

调料
盐1小匙、绍兴酒4大匙

做法
1. 土鸡块放入沸水中氽烫去血水备用，姜片、葱段洗净备用。
2. 将所有材料、绍兴酒放入电饭锅中，盖上锅盖，按下煲汤开关，待开关跳起，续焖30分钟后，加入盐调味即可。

美味关键 绍兴酒除了可以去腥外，特殊香气还可替鸡汤增色，因为清炖鸡汤的材料简单，也没有多余中药材的味道，用绍兴酒正好可以增加鸡汤的风味。

双葱鸡汤

材料

洋葱80克、葱60克、土鸡肉500克、热水600毫升

调料

绍兴酒20毫升、料酒1小匙、盐1/2小匙

做法

❶ 洋葱洗净去皮切丝；葱洗净切长段，备用。

❷ 土鸡肉洗净切大块，放入加了料酒的滚水中氽烫，捞出洗净。

❸ 电饭锅内锅放入洋葱、葱段、土鸡肉块、绍兴酒和600毫升水，按下煲汤开关，煮至开关跳起，最后加入盐焖15分钟即可。

莲子百合鸡汤

材料

干莲子50克、干百合30克、土鸡肉300克、姜片3片、水8杯

调料

盐1/2小匙、料酒1小匙

做法

❶ 先将干莲子和干百合泡水2个小时备用。

❷ 土鸡肉洗净切块，放入滚水中氽烫去除血水、脏污后捞起，洗净沥干。

❸ 取一内锅，放入莲子、百合、土鸡块、姜片、料酒、盐和8杯水，按下煲汤开关，煮至开关跳起即可。

冬瓜陈皮鸡汤

材料
冬瓜300克、陈皮10克、土鸡肉600克、姜片10克、热水800毫升

调料
盐1/2小匙、料酒少许

做法
① 冬瓜外皮洗净，去籽，切厚片；陈皮洗净；鸡肉洗净切大块备用。
② 取一锅水煮滚，加少许料酒，放入鸡肉汆烫，捞出洗净。
③ 电饭锅内锅放入冬瓜片、陈皮、鸡肉、姜片和800毫升热水，煮至开关跳起，焖10分钟，最后加入盐调味即可。

青蒜浓鸡汤

材料
青蒜苗2根、芹菜1根、洋葱1/2个、去骨鸡腿1只、鲜奶油1杯、水8杯

调料
盐少许

做法
① 青蒜苗、西芹洗净切段；洋葱洗净切丁，备用。
② 去骨鸡腿切小块，用热开水汆烫、洗净沥干备用。
③ 取一内锅放入电饭锅内，待锅热，倒入少许油，放入蒜苗、洋葱丁、西芹段爆香。
④ 再放入鸡腿块炒香，加入8杯水，盖锅盖后按下煲汤开关，待开关跳起，加入鲜奶油拌均匀，加盐调味后即可。

甘蔗鸡汤

材料
甘蔗200克、鸡肉700克、姜汁20毫升、热水1100毫升

调料
盐1小匙

做法
1. 将甘蔗外皮彻底刷洗干净，切小块；鸡肉洗净切大块，备用。
2. 取一锅水煮滚，放入鸡肉氽烫，捞出洗净，备用。
3. 电饭锅内锅放入甘蔗块、鸡肉、姜汁和热水，按下煲汤开关至开关跳起，焖10分钟，最后加入盐调味即可。

桂花银耳鸡汤

材料
桂花适量、银耳15克、乌骨鸡600克、姜丝10克、热水1000毫升

调料
料酒1大匙、盐1小匙

做法
1. 银耳洗净，以清水泡至柔软去蒂头，沥干水分，撕小朵。
2. 乌骨鸡洗净切大块，放入加了料酒（材料外）的滚水中氽烫，捞出洗净。
3. 电饭锅内锅放入银耳、鸡肉块、姜丝、料酒和1000毫升热水，按下煲汤开关，煮至开关跳起。
4. 最后加入桂花和盐调味即可。

木耳炖鸡翅

材料

新鲜黑木耳	150克
红枣	6颗
姜	10克
鸡翅	5只
水	8杯

调料

盐	适量

做法

1. 黑木耳洗净、去蒂头，放入果汁机加少许水（分量外）打成汁；姜洗净切丝；红枣洗净，备用。
2. 鸡翅用热开水汆烫，洗净沥干备用。
3. 内锅放入黑木耳汁、红枣、鸡翅、姜丝及6杯水。
4. 将内锅放入电饭锅，盖锅盖后按下煲汤开关，待开关跳起后加盐调味即可。

芥菜干贝鸡汤

材料
芥菜350克、干贝5颗、土鸡腿1只、葱段15克、姜片15克、热水600毫升

调料
盐1/4小匙、料酒100毫升

做法

❶ 干贝洗净，用料酒浸泡30分钟至软化；芥菜洗净，放入滚水中氽烫去涩味，捞出沥干水分，备用。

❷ 另煮一锅水，加入少许料酒和葱段，放入土鸡腿氽烫，捞出洗净。

❸ 电饭锅内锅放入土鸡腿和芥菜。

❹ 内锅再加入600毫升热水，续放入姜片、干贝和剩余的料酒。

❺ 按下煲汤开关，煮至开关跳起，加入盐调味再焖10分钟即可。

干贝竹荪鸡汤

材料
干贝5颗、竹荪15克、土鸡肉600克、葱段20克、姜片10克、热水850毫升

调料
盐1/4小匙、料酒80毫升

做法

❶ 竹荪洗净，用清水泡至软化；用剪刀把竹荪的蒂头剪除，切段备用。

❷ 干贝洗净，用料酒浸泡至软化。

❸ 土鸡肉切大块。取一锅水煮滚，加少许料酒和葱段，放入土鸡肉块氽烫，捞出洗净。

❹ 内锅放入土鸡肉块、竹荪、姜片和850毫升的热水。

❺ 最后放入干贝和剩余的料酒，按下煲汤开关，煮至开关跳起，加入盐调味即可。

香菇鸡汤

材料
香菇12朵、鸡肉块600克、红枣6颗、姜片5克、水1200毫升

调料
盐1$\frac{1}{2}$小匙、料酒2大匙

做法
1. 鸡肉块放入沸水中氽烫去血水；香菇泡水，备用。
2. 将所有材料与料酒放入电饭锅内锅中，盖上锅盖，按下煲汤开关，待开关跳起，续焖30分钟后，加入盐调味即可。

参须红枣鸡汤

材料
参须30克、红枣10颗、土鸡1只、姜片5克、水6杯

调料
盐1小匙、绍兴酒1大匙

做法
1. 土鸡洗净，放入滚水中氽烫，捞起备用。
2. 红枣、参须洗净备用。
3. 将土鸡和红枣、参须放入内锅中，加入水、姜片、盐和绍兴酒。
4. 将内锅放入电饭锅中，按下煲汤开关键，待开关跳起即可。

洋葱嫩鸡浓汤

材料
洋葱400克、土鸡腿1只、蘑菇100克、奶油1大匙

调料
A 盐、黑胡椒粉少许
B 水600毫升、料酒1大匙，盐、黑胡椒粉少许、色拉油适量

做法
1. 洋葱去皮切丝；蘑菇切片；土鸡腿肉切块，撒上调味料A，备用。
2. 按下电饭锅开关，在内锅倒入1大匙色拉油，放入奶油融化后，加入洋葱丝炒至变褐色，取出备用。
3. 再倒入少许色拉油，先煎鸡腿肉至变色取出；再将蘑菇片也煎至变色取出。
4. 电饭锅内锅中加入水煮至沸腾，加入洋葱丝和鸡腿肉、蘑菇片，续煮10分钟，加入调味料B拌匀即可。

香叶芹菜鸡汤

材料
土鸡肉600克、月桂叶3~4片、芹菜2根、热水750毫升

调料
盐、料酒少许

做法
1. 芹菜洗净，以刮刀去除外侧粗硬纤维，切斜片；月桂叶洗净备用。
2. 土鸡肉洗净切大块，放入加了料酒（材料外）的滚水中汆烫，捞出洗净。
3. 电饭锅内锅放入芹菜、鸡肉块、月桂叶和750毫升热水，按下煲汤开关，煮至开关跳起，最后加入盐调味即可。

蛤蜊鸡汤

材料
蛤蜊300克、土鸡肉块500克、葱段20克、姜片
3片、热水700毫升

调料
盐1/4小匙、料酒100毫升

做法
1. 蛤蜊泡水吐沙,洗净备用。
2. 土鸡肉块洗净,放入加了料酒和姜片(分量外)的滚水中汆烫,捞出洗净。
3. 电饭锅内锅放入鸡肉块、姜片和700毫升热水,按下煲汤开关,煮至开关跳起。
4. 续加入蛤蜊和葱段,再按下加热键煮至再次开关跳起,最后加入盐调味即可。

麻油鸡汤

材料
土鸡肉块600克、姜片50克、姜汁1大匙、水
1000毫升

调料
盐1小匙、料酒100毫升、胡麻油2大匙

做法
1. 鸡肉块放入沸水中汆烫去除血水备用。
2. 将所有材料、料酒及胡麻油放入电饭锅内锅,盖上锅盖,按下煲汤开关,待开关跳起,续焖10分钟后,加入盐调味即可。

山药乌鸡汤

材料

山药	150克
乌鸡	150克
枸杞子	1小匙
姜片	3片
葱白	2根
水	800毫升

调料

盐	1/2小匙
鸡粉	1/4小匙
绍兴酒	1小匙

做法

1. 乌鸡剁小块、汆烫洗净，备用。
2. 山药去皮切块，汆烫后过冷水，备用。
3. 姜片、葱白用牙签串起，备用。
4. 取内锅，放入乌鸡、山药、姜片、葱白，再加入枸杞子、800毫升水及所有调味料。
5. 将内锅放入电饭锅里，盖上锅盖、按下煲汤开关，煮至开关跳起后，捞除姜片、葱白即可。

何首乌鸡汤

材料
何首乌10克、鸡肉块600克、姜片5克、熟地5克、黄芪10克、红枣10颗

调料
盐1/2小匙、绍兴酒1小匙

做法
1. 鸡肉块放入沸水中汆烫去血水；其余材料稍微洗净沥干，备用。
2. 将所有材料与绍兴酒放入电饭锅中，盖上锅盖，按下煲汤开关，待开关跳起，续焖30分钟后，加入盐调味即可。

瓜仔鸡汤

材料
脆瓜100克、土鸡150克、姜30克、小葱1根、水6杯

做法
1. 土鸡剁小块，放入滚水汆烫1分钟后捞出备用。
2. 脆瓜洗净略切小块；姜去皮切片；小葱切段，备用。
3. 将土鸡块、脆瓜、姜片、小葱和水，放入内锅中，按下煲汤开关，煮至开关跳起，捞除小葱段即可。

美味关键
因为有脆瓜，所以煮好须先试尝咸度，太淡可加适量盐调味，若于煮时加入盐，过咸也可加水冲淡，但汤头会略失浓郁。

萝卜炖鸡汤

材料

白萝卜300克、土鸡肉150克、姜30克、小葱1
根、水适量

调料

盐1小匙、料酒1大匙

做法

1. 土鸡肉剁小块，放入滚水汆烫1分钟后捞出备用。
2. 白萝卜去皮切滚刀块，放入滚水汆烫1分钟捞出备用。
3. 姜去皮切片；小葱切段，备用。
4. 将土鸡块、白萝卜块、姜片和小葱和调味料，放入内锅中，加适量水，按下煲汤开关，煮至开关跳起，捞除小葱段即可。

蒜香鸡汤

材料

蒜头100克、土鸡肉600克、姜片30克、水适量

调料

盐1小匙、料酒1大匙

做法

1. 土鸡肉洗净、剁块；蒜头切去蒂头，备用。
2. 将土鸡腿块、蒜头与姜片一起放入内锅，加入水及料酒，再放入电饭锅内，盖上锅盖，按下煲汤开关，煮至开关跳起，开盖后加盐调味即可。

仙草鸡汤

材料
仙草10克、鸡肉块600克、姜片5克、水适量

调料
盐1¹/₂小匙、白糖1/2小匙、料酒2大匙

做法
1. 鸡肉块放入沸水中汆烫去血水；仙草稍微清洗，修剪成适当长度包入药包袋中，备用。
2. 将所有材料与料酒放入电饭锅内锅中，加入适量水，盖上锅盖，按下煲汤开关，待开关跳起，续焖30分钟后，加入其余调味料即可。

牛腩鸡汤

材料
鸡肉块600克、牛腩80克、枸杞子20克

调料
盐1¹/₂小匙、料酒2大匙

做法
1. 将鸡肉、牛腩块放入沸水中汆烫去除血水；枸杞子稍微清洗后沥干，备用。
2. 将所有材料与料酒放入电饭锅内锅中，盖上锅盖，按下煲汤开关，待开关跳起，续焖30分钟后，加入盐调味即可。

党参黄芪鸡汤

材料
党参8克、黄芪4克、土鸡腿120克、红枣8颗、水适量

调料
盐1½小匙、料酒50毫升

做法
1. 土鸡腿剁小块备用。
2. 取一汤锅，加入适量水煮至滚沸后，将土鸡腿块放入滚水中氽烫约1分钟后取出、洗净，放入电饭锅内锅中。
3. 将党参、黄芪和红枣用清水略为冲洗后，加水一起放入做法1的电饭锅内锅中，盖上锅盖、按下煲汤开关，待电饭锅开关跳起，焖约20分钟后，再加入盐及料酒调味即可。

人参枸杞鸡汤

材料
人参2根、枸杞子20克、土鸡1500克、红枣20克、姜片2片、保鲜膜1大张、水5杯

调料
盐2小匙、料酒3大匙

做法
1. 把土鸡用滚水氽烫5分钟后捞起，用清水冲洗去血水脏污，沥干后放入电饭锅内锅中备用。
2. 将人参、枸杞子、红枣用冷水清洗后放在土鸡上，再把姜片、盐、料酒与5杯水一并放入，在锅口封上保鲜膜，炖煮约90分钟即可。

冬瓜荷叶鸡汤

材料

冬瓜	150克
干荷叶	1张
土鸡肉	150克
姜片	2片
水	800毫升

调料

盐	1/2小匙
鸡粉	1/2小匙
绍兴酒	1小匙

做法

1. 土鸡剁小块、汆烫洗净，备用。
2. 冬瓜带皮洗净、切方块，备用。
3. 干荷叶剪小块，泡水至软，汆烫后洗净，备用。
4. 取一内锅，放入土鸡块、冬瓜块、干荷叶，再加入姜片、800毫升水及所有调味料。
5. 将内锅放入电饭锅里，盖上锅盖、按下煲汤开关，煮至开关跳起后，捞除姜片即可。

美味关键 用土鸡煮出来的鸡汤有自然的鲜甜味，如果土鸡较难买到，也能用饲料养的鸡取代，只是口感会稍差些。

杏汁鸡汤

材料

南杏仁100克、土鸡肉250克、姜片10克、水500毫升

调料

盐1/2小匙、鸡粉1/2小匙、绍兴酒1小匙

做法

1. 南杏仁洗净，用300毫升水泡8个小时，再用果汁机打成汁，并过滤掉残渣，备用。
2. 土鸡肉剁小块、汆烫洗净，备用。
3. 取一内锅，放入杏汁、土鸡块，再加入姜片、500毫升水及所有调味料。
4. 将内锅放入电饭锅里，盖上锅盖、按下煲汤开关，煮至开关跳起后，捞除姜片即可。

蘑菇木耳鸡汤

材料

蘑菇200克、黑木耳80克、土鸡肉600克、水适量

调料

料酒50毫升、盐1小匙

做法

1. 土鸡肉洗净后剁小块；蘑菇及黑木耳洗净切小段，备用。
2. 煮一锅水，水滚后将鸡肉放入锅汆烫1分钟后取出，冷水洗净沥干。
3. 将烫过的鸡肉块放入电饭锅内锅中，加入的蘑菇和黑木耳、水、料酒，盖上锅盖，按下煲汤开关，待开关跳起，加入盐调味即可。

香菜土鸡汤

材料

香菜	10克
土鸡肉	600克
芹菜	80克
蒜头	15瓣
水	适量

调料

盐	1小匙
绍兴酒	1小匙

做法

1. 土鸡肉洗净后剁小块；香菜及芹菜洗净切小段，备用。
2. 煮一锅水，水滚后将鸡肉块放入锅氽烫1分钟后取出，冷水洗净沥干。
3. 将烫过的鸡肉块放入电饭锅内锅，加入适量水、绍兴酒、芹菜、香菜及蒜头，盖上锅盖，按下煲汤开关。待开关跳起，加入盐调味即可。

白果鸡汤

🍲 材料
白果150克、鸡肉600克、芹菜80克、姜片10克、水适量

📋 调料
绍兴酒30毫升、盐1/2小匙

📝 做法
1. 鸡肉洗净后剁小块；芹菜去粗丝洗净切小段，备用。
2. 煮一锅水，水滚后将鸡肉块放入锅氽烫约1分钟后取出，冷水洗净沥干。
3. 将烫过的鸡肉块放入电饭锅内锅，加入水、绍兴酒、芹菜段、白果及姜片，盖上锅盖，按下煲汤开关。待开关跳起，加入盐调味即可。

椰汁红枣鸡盅

🍲 材料
椰子1个、红枣12颗、土鸡1/2只（约800克）、姜片30克

📋 调料
盐1小匙、料酒50毫升

📝 做法
1. 椰子切开后倒出椰汁在容器中；鸡肉洗净后剁小块，备用。
2. 煮一锅水，水滚后将鸡肉放入锅氽烫约1分钟后取出，用冷水洗净沥干备用。
3. 将鸡肉块放入电饭锅内锅，加入椰汁、料酒、红枣及姜片，盖上锅盖，按下煲汤开关。待开关跳起，加入盐调味即可。

黑枣山药鸡汤

材料

黑枣	12颗
山药	200克
土鸡肉	250克
枸杞子	5克
姜片	30克
水	适量

调料

盐	1小匙
料酒	50毫升

做法

1. 鸡肉洗净后剁小块；山药去皮切小块，备用。
2. 煮一锅水，水滚后将鸡肉块放入锅汆烫1分钟后取出，用冷水洗净沥干，备用。
3. 将烫过的鸡肉块放入电饭锅内锅，加入水、料酒、山药、枸杞子、黑枣及姜片，盖上锅盖，按下煲汤开关。待开关跳起，加入盐调味即可。

沙参玉竹鸡汤

材料

沙参	30克
玉竹	60克
土鸡块	600克
红枣	3颗
水	适量

调料

盐	1/2小匙

做法

1. 将土鸡块放入滚水中氽烫，洗净后去掉鸡皮备用。
2. 红枣、沙参、玉竹洗净，备用。
3. 将所有材料放入内锅，加入盐，放入电饭锅中，按下煲汤开关，待开关跳起即可。

PART3

鲜香排骨汤，
润脾健胃养身体

排骨是最常见到的炖汤肉类，如果将排骨和莲藕、萝卜、海带炖在一起，远远地就闻到了浓浓的香味。回家路上，买上一斤小排，配点时蔬或者香菇、木耳之类，便能为自己带来一碗美味的浓汤，相信每个懒于下厨的人也都喜欢走进厨房。

苦瓜排骨汤

材料
苦瓜1/2条、猪排骨300克、小鱼干10克、水6杯

调料
盐少许

做法

1. 苦瓜洗净去籽、去白膜，切段备用。
2. 小鱼干泡水软化，沥干水分；猪排骨用热开水汆烫，洗净沥干水分，备用。
3. 取一内锅放入猪排骨、苦瓜、小鱼干及6杯水。
4. 将内锅放入电饭锅中，盖锅盖后按下煲汤开关，待开关跳起后加盐调味即可。

美味关键 苦瓜的苦味大部分来自籽以及里面的白膜，如果不喜欢这种苦味，可以将白膜刮除干净。

黄花菜排骨汤

材料
黄花菜20克、猪排骨300克、香菜适量、水8杯

调料
盐少许、白胡椒粉适量

做法

1. 黄花菜泡水软化，沥干水分；猪排骨用热开水汆烫、沥干，备用。
2. 取一内锅放入猪排骨、黄花菜及8杯水。
3. 将内锅放入电饭锅中，盖锅盖后按下煲汤开关，待开关跳起后加入所有调味料，撒上香菜即可。

美味关键 选购黄花菜时要选择颜色不太黄的，如果颜色太鲜艳可能是加了过多的化学添加剂，另外黄花菜的形状要完好，花瓣没有明显脱落的为佳。

玉米排骨汤

材料
猪排骨200克、玉米1根、胡萝卜50克、小鱼干15克、姜片10克、水适量

调料
盐少许、鸡粉1/2小匙、绍兴酒1小匙

做法
1. 猪排骨剁小块、玉米切段、胡萝卜切滚刀块，分别汆烫沥干；小鱼干冲洗沥干。
2. 取内锅，放入排骨、玉米段、小鱼干、胡萝卜，再加入姜片、水及调料。
3. 将内锅放入电饭锅里，盖上锅盖、按下煲汤开关，煮至开关跳起，捞除姜片即可。

美味关键 汤里加入小鱼干能增加风味，还能补充钙质。另外玉米要选择颗粒饱满的甜玉米，这样熬出来的汤会比较甜。

莲藕排骨汤

材料
莲藕100克、猪排骨200克、陈皮1片、姜片10克、葱白2根、水800毫升

调料
盐1/2小匙、鸡粉1/2小匙、绍兴酒1小匙

做法
1. 猪排骨剁小块、汆烫洗净，备用。
2. 莲藕去皮切块、汆烫后沥干水分；陈皮泡软、削去内部白膜，备用。
3. 姜片、葱白用牙签串起，备用。
4. 取一内锅，放入猪排骨、莲藕、陈皮、姜片、葱白，再加入800毫升水及所有调味料。
5. 将内锅放入电饭锅里，盖上锅盖、按下煲汤开关，煮至开关跳起后，捞除姜片、葱白即可。

南瓜排骨汤

材料
南瓜100克、猪排骨200克、姜片15克、葱白2根、水800毫升

调料
盐1/2小匙、鸡粉1/2小匙、绍兴酒1小匙

做法
1. 猪排骨剁小块、汆烫洗净，备用。
2. 南瓜去皮切块、汆烫后沥干水分，备用。
3. 姜片、葱白用牙签串起，备用。
4. 猪排骨、南瓜、姜片、葱白放入内锅中，再加入800毫升水及所有调味料。
5. 将内锅放入电饭锅里，盖上锅盖、按下煲汤开关，煮至开关跳起后，捞除姜片、葱白即可。

冬瓜排骨汤

材料
冬瓜150克、猪排骨200克、姜丝15克、水6杯

调料
盐1/2小匙、米酒1小匙

做法
1. 冬瓜去皮洗净切小块；猪排骨剁成块，用热开水汆烫，洗净沥干，备用。
2. 取一内锅放入猪排骨块、冬瓜块、姜丝及6杯水，加入米酒。
3. 将内锅放入电饭锅中，盖锅盖后按下煲汤开关，待开关跳起后加盐调味即可。

银柿排骨汤

材料
银耳50克、西红柿1个、猪排骨300克、水适量

调料
盐1¹/₂小匙、鸡粉少许

做法
1. 猪排骨剁块洗净，冲沸水烫去血水，捞起以冷水洗净备用。
2. 西红柿洗净切块；银耳以冷水浸泡至软、去除硬头，备用。
3. 取内锅，放入猪排骨、水、西红柿块及银耳，放入电饭锅中，按下煲汤开关，待开关跳起，再焖10分钟，起锅前加入所有调味料拌匀即可。

养生排骨汤

材料
猪排骨200克、姜片10克、黄芪10克、当归8克、川芎5克、熟地5克、黑枣8粒、桂皮10克、陈皮5克、枸杞子10克、水适量

调料
盐少许、米酒少许

做法
1. 猪排骨洗净剁块放入沸水中汆烫去血水；除当归、枸杞子、黑枣外，将其他中药材洗净后放入药包袋中，备用。
2. 将药包袋、枸杞子、黑枣、当归、米酒、猪排骨和姜片放入电饭锅内锅中，再加入适量水，盖上锅盖，按下煲汤开关，待开关跳起，续焖20分钟后，加入盐调味即可。

松茸排骨汤

材料
猪排骨200克、松茸100克、姜片30克、水适量

调料
盐2大匙、米酒3大匙

做法
❶ 猪排骨洗净、斩块、汆烫；松茸洗净备用。
❷ 取一内锅，加入姜片、猪排骨块、松茸水及调味料，再放入电饭锅，盖上锅盖，按下煲汤开关，煮45分钟即可。

红白萝卜排骨汤

材料
胡萝卜50克、白萝卜80克、猪排骨200克、蜜枣1颗、陈皮5克、罗汉果1/4个、南杏1小匙、姜片15克、葱白2根、水800毫升

调料
盐1/2小匙、鸡粉1/2小匙、绍兴酒1小匙

做法
❶ 蜜枣洗净；陈皮泡软，削去白膜；南杏泡水8个小时；罗汉果去壳；猪排骨剁小块、汆烫洗净；姜片、葱白洗净用牙签串起；红、白萝卜去皮，切滚刀块，汆烫后沥干水分。
❷ 取一内锅，放入所有材料，再加入800毫升水及调味料。
❸ 将内锅放入电锅里，盖上锅盖、按下煲汤开关，煮至开关跳起，捞除姜片、葱白即可。

澳门大骨汤

材料
猪筒骨200克、猪排骨200克、胡萝卜50克、白萝卜80克、玉米1根、姜20克、葱白1根、水适量

调料
盐1/5小匙、色拉油适量

做法
1. 猪筒骨、猪排骨洗净剁块，一起放入滚水汆烫捞出；胡萝卜、白萝卜去皮，切滚刀块；玉米切小段，放入滚水汆烫捞出；姜洗净去皮切片；葱洗净去头部切段，备用。
2. 将内锅放入电饭锅加热后，放入适量色拉油，再放入姜片、猪筒骨、猪排骨，用小火炒3分钟。
3. 将剩余所有材料和调味料一起再放入内锅中，加入适量水，按下煲汤开关，煮至开关跳起，掀开锅盖捞出姜片、葱段即可。

四物排骨汤

材料
猪排骨600克、姜片10克、当归8克、熟地5克、黄芪5克、川芎8克、芍药10克、枸杞子10克、水适量

调料
盐1$\frac{1}{2}$小匙、米酒50毫升

做法
1. 猪排骨洗净剁块，放入沸水中汆烫去血水；除排骨和姜片外的所有材料稍微清洗后沥干，放入药包袋中，备用。
2. 将猪排骨、姜片、中药包与米酒放入电饭锅内锅，加入适量水，盖上锅盖，按下煲汤开关，待开关跳起，续焖20分钟后，加入盐调味即可。

苹果红枣排骨汤

材料
苹果1个、红枣10颗、猪排骨500克、水适量

调料
盐$1^1/_2$小匙、米酒50毫升

做法
1. 猪排骨洗净剁块、放入沸水中汆烫去血水；苹果洗净后去皮剖成8瓣，挖去籽；红枣稍微清洗，备用。
2. 将所有材料、米酒放入放入电饭锅内锅中，加入适量水盖上锅盖；按下煲汤开关，待开关跳起，续焖10分钟后，加入盐调味即可。

山药薏米排骨汤

材料
山药50克、薏米50克、猪排骨600克、姜片10克、水1200毫升、红枣10颗

调料
盐$1^1/_2$小匙、米酒50毫升

做法
1. 将猪排骨洗净剁块，放入沸水中汆烫去血水；薏米泡水60分钟，备用。
2. 将所有材料和米酒放入电饭锅内锅中，盖上锅盖，按下煲汤开关，待开关跳起，续焖10分钟后，加入盐调味即可。

瓜芽排骨汤

材料
冬瓜籽囊250克、猪排骨400克、海带芽适量、姜片20克、水适量

调料
盐3/4小匙、鸡粉1/4小匙、米酒10毫升

做法
1. 冬瓜籽囊切块。
2. 猪排骨剁块洗净，放入沸水中汆烫1分钟。
3. 将猪排骨、冬瓜籽囊、姜片放入电饭锅内锅中，倒入适量水，按下煲汤煮至开关跳起，放入海带芽、所有调味料拌匀，再焖5分钟即可。

薏米红枣排骨汤

材料
猪排骨200克、薏米20克、红枣5颗、姜片15克、水适量

调料
盐1/2小匙、鸡粉1/4小匙、米酒1大匙

做法
1. 薏米提前浸泡；将猪排骨剁小块，放入滚水中汆烫后，备用；薏米和红枣洗净，连同猪排骨一起放入内锅中，再加入水及米酒、姜片。
2. 将内锅放入电饭锅中，按下煲汤开关煮至开关跳起，加入其余调味料调味即可。

草菇排骨汤

材料
猪排骨酥200克、罐头草菇300克、香菜适量、高汤1200毫升

调料
盐1/2小匙、鸡粉1/4小匙

做法
1. 罐头草菇打开取出草菇，冲沸水烫除罐头味备用。
2. 取内锅，放入猪排骨酥、草菇、高汤，再放入电饭锅中。
3. 按下煲汤开关至开关跳起，放入所调味料拌匀，撒上香菜即可。

萝卜排骨酥汤

材料
猪排骨200克、白萝卜150克、油葱酥1小匙、红薯粉3大匙、鸡蛋液2大匙、水适量

调料
Ⓐ 酱油1小匙、盐1/2小匙、白糖1/4小匙、米酒1小匙、五香粉1/4小匙
Ⓑ 盐1/2小匙、胡椒粉1/4小匙、色拉油适量

做法
1. 猪排骨剁小块，洗净沥干备用；白萝卜切滚刀块，余烫后捞出冲凉。
2. 取盆，将猪排骨、调料A及油葱酥，搅拌至黏稠，再加入鸡蛋液及红薯粉拌匀。
3. 热油，放入猪排骨，先用小火炸3分钟，再转中火炸至表面酥脆，捞出沥油。
4. 将猪排骨酥和萝卜块、水和盐，放入内锅中，按下煲汤开关，煮至开关跳起，加入胡椒粉调味即可。

海带排骨汤

材料
海带200克、猪排骨200克、胡萝卜80克、姜片15克、水800毫升

调料
盐适量、米酒1小匙

做法
1. 猪排骨剁小块、汆烫洗净，备用。
2. 海带冲水略洗，剪3厘米段状，备用。
3. 胡萝卜去皮，切滚刀块，备用。
4. 取一内锅，放入猪排骨、海带、胡萝卜，再加入姜片、800毫升水及所有调味料。
5. 将内锅放入电饭锅里，盖上锅盖，按下煲汤开关，煮至开关跳起后，捞除姜片即可。

青木瓜排骨汤

材料
猪排骨200克、青木瓜100克、姜片10克、葱白2根、水800毫升

调料
盐1/2小匙、鸡粉1/2小匙、绍兴酒1小匙

做法
1. 猪排骨剁小块、汆烫洗净，备用。
2. 青木瓜去皮切块、汆烫后沥干，备用。
3. 姜片、葱白用牙签串起，备用。
4. 取一内锅，放入猪排骨、青木瓜、姜片、葱白，再加入800毫升水及所有调味料。
5. 将内锅放入电饭锅里，盖上锅盖、按下煲汤开关，煮至开关跳起后，捞除姜片、葱白即可。

肉骨茶汤

材料
猪排骨200克、肉骨茶药包2包、带皮蒜头8瓣、水适量

调料
盐1小匙

做法
1 将猪排骨剁小块，放入滚水汆烫后捞出备用。
2 将排骨块、肉骨茶药包、带皮蒜头、水和调味料，全部放入内锅中，按下煲汤开关，煮至开关跳起即可。

备注：肉骨茶药包可到大型超市购买。

苦瓜黄豆排骨汤

材料
苦瓜100克、黄豆15大匙、猪排骨200克、姜片10克、葱白2根、水800毫升

调料
盐1/2小匙、鸡粉1/2小匙、绍兴酒1小匙

做法
1 黄豆泡水8个小时后沥干水分，备用。
2 猪排骨剁块、汆烫洗净；姜片、葱白用牙签串起，备用。
3 苦瓜剖开去籽，削去白膜后切块，汆烫后沥干，备用。
4 取一内锅，放入黄豆、猪排骨、苦瓜，姜片、葱白，再加入800毫升水及所有调味料。
5 将内锅放入电饭锅里，盖上锅盖、按下煲汤开关，煮至开关跳起后，捞除姜片、葱白即可。

白果腐竹排骨汤

材料

干白果	1大匙
腐竹	1根（约30克）
猪排骨	200克
姜片	10克
水	800毫升

调料

盐	1/2小匙
鸡粉	1/2小匙
绍兴酒	1小匙

做法

❶ 腐竹、干白果泡水约8个小时后沥干，腐竹剪5厘米段，备用。

❷ 猪排骨剁小块、氽烫洗净，备用。

❸ 取一内锅，放入腐竹、猪排骨、干白果，再加入姜片、800毫升水及所有调味料。

❹ 将内锅放入电饭锅里，盖上锅盖，按下煲汤开关，煮至开关跳起后，捞除姜片即可。

苦瓜排骨酥汤

材料
猪排骨酥200克、苦瓜150克、姜片15克、水适量

调料
盐1/2小匙、鸡粉1/4小匙、米酒20毫升

做法

① 将苦瓜洗净去籽后切小块，放入滚水中氽烫10秒后，取出洗净，与猪排骨酥、姜片一起放入内锅中，倒入水、米酒。

② 将内锅放入电饭锅中，按下煲汤开关，蒸至开关跳起后，加入其余调味料调味即可。

美味关键　苦瓜按皮色可分为白色、绿白色和青绿色三类，颜色偏绿的苦味较重，氽烫后可以去除部分苦味，吃起来更可口。

菱角红枣排骨汤

材料
菱角300克、红枣8颗、猪排骨200克、姜片10克、香菜少许、水适量

调料
米酒1大匙、盐1/2小匙

做法

① 将菱角去外壳洗净氽烫；猪排骨洗净氽烫。

② 将菱角、猪排骨、红枣、姜片、米酒和水放入电饭锅内锅中，按下煲汤开关。

③ 开关跳起后放入所有调味料拌匀，再焖5分钟，最后撒上香菜即可。

美味关键　菱角温和滋养，营养价值高，可以替代谷类食物食用，而且有益肠胃，非常适合体质虚弱者、老人与孩子食用。

花生核桃排骨汤

材料

花生仁1大匙、核桃仁1大匙、猪排骨250克、胡萝卜50克、蜜枣1颗、姜片15克、葱白2根、水800毫升

调料

盐1/2小匙、鸡粉1/2小匙、绍兴酒1小匙

做法

1. 花生仁、核桃仁泡水约8个小时后沥干；蜜枣洗净，备用。

2. 猪排骨剁小块、氽烫洗净；姜片、葱白用牙签串起；胡萝卜去皮、切滚刀块，备用。

3. 取一内锅，放入花生仁、核桃仁、猪排骨、蜜枣、胡萝卜，以及姜片、葱白，再加入800毫升水及所有调味料。

4. 将内锅放入电饭锅里，盖上锅盖、按下煲汤开关，煮至开关跳起后，捞除姜片、葱白即可。

糙米黑豆排骨汤

材料

糙米600克、黑豆200克、猪排骨600克、水适量

调料

盐2小匙、鸡粉1小匙、料酒1小匙

做法

1. 将糙米与黑豆洗净后泡水，糙米要浸泡30分钟，黑豆要浸泡2个小时。

2. 猪排骨剁成约4厘米长段，氽烫2分钟后，捞起用冷水冲洗，去除肉上杂质血污。

3. 取内锅加入水、浸泡好的糙米、黑豆及猪排骨，放入电饭锅中，按下煲汤开关，待开关跳起。再将放入所有调味料续煮一次即可。

甘蔗荸荠排骨汤

材料

甘蔗	100克
荸荠	6颗
猪排骨	300克
红枣	5颗
水	适量

调料

盐	少许

做法

1. 猪排骨洗净剁块，冲沸水烫去血水后，以冷水洗净备用。
2. 荸荠去皮，洗净后切片备用。
3. 甘蔗削去外皮、切小段后，再切成小块状备用。
4. 取内锅，放入猪排骨、水、红枣、荸荠、甘蔗块，放入电饭锅中，按下煲汤开关，待开关跳起，加入盐调味即可。

腌笃鲜

材料
猪排骨300克、金华火腿150克、竹笋100克、豆腐结150克、大白菜300克、水适量

调料
盐1¹/₂小匙、绍兴酒1大匙、白糖1/4小匙

做法

① 竹笋切小块；猪排骨及金华火腿洗净、切小块；大白菜直切成大块，备用。

② 将竹笋块、猪排骨块、金华火腿块、豆腐结、大白菜块与调味料一起放入内锅，加入适量水再放入电饭锅，按下煲汤开关，煮至开关跳起，再焖约15分钟即可。

美味关键
腌笃鲜使用金华火腿来提味，但成本较高，可以使用家乡腌肉来替代，家乡腌肉与金华火腿的风味接近，但较清淡且便宜。

杏瓜排骨汤

材料
南杏仁1大匙、青木瓜100克、猪排骨150克、姜片10克、葱白2根、水800毫升

调料
盐1/2小匙、鸡粉1/2小匙、绍兴酒1小匙

做法

① 南杏仁泡水约8个小时后沥干水分，备用。

② 猪排骨切块、氽烫洗净；姜片、葱白用牙签串起，备用。

③ 青木瓜去皮切块、氽烫后沥干，备用。

④ 取一内锅，放入南杏仁、猪排骨、青木瓜，加入姜片、葱白，再加入800毫升水及所有调味料。

⑤ 将内锅放入电饭锅里，盖上锅盖、按下煲汤开关，煮至开关跳起后，捞除姜片、葱白即可。

参片排骨汤

材料
高丽参片8片、猪排骨200克、枸杞子1/2小匙、姜片15克、水800毫升

调料
盐1/2小匙、米酒1小匙

做法
1. 参片泡水约8个小时后沥干；枸杞子洗净，备用。
2. 猪排骨剁块、汆烫洗净，备用。
3. 取一内锅，放入参片和猪排骨肉、枸杞子，再加入姜片、800毫升水及所有调味料。
4. 将内锅放入电饭锅里，盖上锅盖、按下煲汤开关，煮至开关跳起后，捞除姜片即可。

莲子雪耳排骨汤

材料
干莲子1大匙、银耳20克、猪排骨150克、枸杞子1/2小匙、姜片15克、葱白2根、水800毫升

调料
盐1/2小匙、鸡粉1/2小匙、绍兴酒1小匙

做法
1. 干莲子泡热水1个小时；枸杞子洗净。猪排骨剁小块、汆烫洗净；姜片、葱白用牙签串起。银耳泡水至涨发后沥干，去蒂，撕小块，备用。
2. 取一内锅，放入泡好后的莲子、猪排骨、银耳、枸杞子、姜片、葱白，再加入800毫升水及所有调味料。
3. 将内锅放入电饭锅里，盖上锅盖、按下煲汤开关，煮至开关跳起后，捞除姜片、葱白即可。

PART 4

经典家常汤，
补气清火两相宜

牛羊温补、鱼虾鲜美、鸭子清火，即使是个懒人，即使只有一个电饭锅，也不代表饮食上只能凑合，只要花点小心思，一样可以喝到美味鲜香的牛羊汤、海鲜汤、鸭汤等美味的汤品。

牛肉汤、海鲜汤
去腥提鲜有技巧

牛羊汤去腥提味的步骤

1. 羊肉、牛肉本身味道重，加入辛香料不但可以去除腥味，还能增加汤的风味和层次。

2. 中药材也是去腥提味的好帮手，而且中药的风味还能让汤头喝起来更温和可口。

3. 以往炖煮牛羊肉都需要细火慢炖，现在用电饭锅只需轻轻按下煲汤开关键，就能熬出一锅鲜香美味的汤品，方便又迅速！

熬出好喝海鲜汤的技巧

1. 善用葱、姜、酒，不仅去除海鲜本身的腥味，还能提味增加汤头的香气。

2. 鱼肉可以事先煎过，再放入电饭锅熬煮，这样喝起来完全没有腥味，而且香气逼人。

3. 除非只喝汤，否则易熟的海鲜可以等汤熬煮至一半再放入锅，肉质才会鲜嫩不老。

西红柿牛肉汤

材料
西红柿1个、牛腱肉250克、小葱2根、水8杯

调料
豆瓣酱3大匙、盐少许、色拉油适量

做法
1. 牛腱肉用热开水汆烫、清洗后切块；西红柿切块；小葱切段，备用。
2. 内锅洗净按下开关加热，倒入少许油，放入小葱爆香，再放入牛腱块炒至焦黄。
3. 加入豆瓣酱炒香后，放入西红柿块及8杯水。
4. 盖锅盖炖煮60分钟后，开盖加盐调味即可。

清炖牛肉汤

材料
牛肋条200克、白萝卜400克、胡萝卜100克、芹菜80克、姜片30克

调料
盐1小匙、水800毫升、米酒30毫升

做法
1. 牛肋条洗净、切小块；白萝卜及胡萝卜去皮、切小块；芹菜撕去粗皮、切小段，备用。
2. 将牛肋条块、白萝卜块、胡萝卜块、芹菜段与姜片一起放入内锅，加入水及米酒，再放入电饭锅，盖上锅盖，按下煲汤开关，煮至开关跳起，开盖后加盐调味即可。

红烧牛肉汤

材料

牛肋条	300克
白萝卜	100克
胡萝卜	60克
小葱	2根
姜	30克
蒜头	3瓣
八角	4粒
花椒	1/2小匙
桂皮	5克
水	适量

调料

米酒	1大匙
豆瓣酱	1小匙
盐	1/2小匙
白糖	1/2小匙
酱油	1小匙
色拉油	适量

做法

❶ 胡萝卜、白萝卜切滚刀块，放入滚水汆烫后捞出；八角、花椒、桂皮用纱布包起，备用。

❷ 葱1根切花，另1根切3厘米段；姜去皮切末；蒜头拍碎，备用。

❸ 牛肋条切5厘米块，放入滚水汆烫后捞出过凉备用。

❹ 热炒锅加适量色拉油，放入的葱花、姜末、蒜末，用小火炒1分钟，加入牛肉块、豆瓣酱炒2分钟，加入白萝卜、胡萝卜块、米酒略炒。

❺ 将炒好的牛肉和萝卜加入水、盐、白糖、葱段、药包，全部移入电饭锅内锅中，按下煲汤开关，煮至开关跳起，加入酱油，捞掉浮油、药包，撒上葱花即可。

花生香菇牛肉汤

材料
牛腱肉300克、香菇40克、花生仁100克、姜片20克、水适量

调料
绍兴酒50毫升、盐1小匙

做法
1. 牛腱肉切块；香菇泡温水10分钟后剪去蒂头；花生仁泡水4个小时后沥干，备用。
2. 煮一锅水，水滚后将牛腱肉块放入锅氽烫约2分钟后取出，冷水洗净沥干，备用。
3. 将烫过的牛腱块放入电饭锅内锅，加入香菇和花生仁、水、绍兴酒及姜片，盖上锅盖，按下煲汤开关。
4. 待开关跳起，再焖20分钟后，加入盐调味即可。

猴头菇牛腱汤

材料
猴头菇4朵、牛腱肉300克、枸杞子15克、姜片20克、水适量

调料
盐$1\frac{1}{2}$小匙、米酒2大匙

做法
1. 牛腱肉切厚片放入沸水中氽烫去血水；猴头菇泡发，备用。
2. 将所有材料、米酒放入电饭锅内锅中，盖上锅盖，按下煲汤开关，待开关跳起，加一杯水再按下加热开关，跳起再焖20分钟后，加入盐调味即可。

香菇萝卜牛肉汤

材料

香菇	40克
胡萝卜	200克
牛肋条	600克
姜片	20克
水	适量

调料

绍兴酒	50毫升
盐	1小匙

做法

① 牛肋条切小块；香菇泡温水10分钟后剪去蒂头，分切4小块；胡萝卜切小块，备用。

② 煮一锅水，水滚后将牛肋条放入锅汆烫约2分钟后取出，冷水洗净沥干，备用。

③ 将烫过的牛肋条放入电饭锅内锅中，加入香菇和胡萝卜、水、绍兴酒及姜片，盖上锅盖，按下煲汤开关。

④ 待开关跳起，再焖20分钟后，加入盐调味即可。

桂圆银耳牛肉汤

材料

桂圆肉15克、银耳5克、牛腱肉300克、姜片20克、葱段30克、水适量

调料

绍兴酒50毫升、盐 1小匙

做法

1. 牛腱肉切小块；银耳泡水20分钟后剪去蒂头后沥干，备用；桂圆肉洗净，备用。
2. 煮一锅水，水滚后将牛腱块放入锅氽烫约2分钟后取出，冷水洗净沥干，备用。
3. 将烫过的牛腱块放入电饭锅内锅，加入银耳、水、桂圆肉、绍兴酒、葱段及姜片，盖上锅盖，按下煲汤开关。
4. 待开关跳起，再焖20分钟后，加入盐调味即可。

莲子牛肉汤

材料

莲子200克、牛肋条 700克、姜片30克、水适量

调料

米酒50毫升、盐$1\frac{1}{2}$小匙、白糖1/2小匙

做法

1. 牛肋条切块，放入沸水中氽烫去除血水；莲子泡水至软，备用。
2. 将所有材料、米酒放入电饭锅内锅中，加入适量水盖上锅盖，按下煲汤开关，待开关跳起，再焖20分钟后，加入其余调味料即可。

巴戟杜仲牛肉汤

材料
巴戟30克、杜仲5片、牛腱肉300克、水适量

调料
盐1小匙、米酒3大匙

做法
1. 将牛腱肉切小块，放入滚水中氽烫，洗净备用。
2. 巴戟、杜仲洗净泡水30分钟备用。
3. 将牛腱肉、巴戟、杜仲放入内锅中，加入水、米酒和盐调味，放入电饭锅中，按下煲汤开关，煮至开关跳起即可。

香炖牛肋汤

材料
牛肋条300克、洋葱 1/2个、姜丝 10克、水适量

调料
盐 2小匙、鸡粉1小匙、料酒2大匙、花椒粒少许、白胡椒粒少许、月桂叶数片

做法
1. 将牛肋条切成6厘米左右段状，氽烫3分钟后捞出，过冷水冲洗血污后备用。
2. 将洋葱切片后与姜丝放入内锅中，再加入花椒粒、白胡椒粒（拍碎）与月桂叶，再将牛肋条放上层，加入适量水后，放入电饭锅中，按下煲汤开关煮至开关跳起，加入所有调味料再焖15~20分钟即可。

柿饼羊肉汤

材料
柿饼 2片、带皮羊肉400克、姜片20克、葱段30克、水适量

调料
绍兴酒50毫升、盐1小匙

做法
1. 羊肉剁小块；柿饼摘掉蒂头切小块，备用。
2. 煮一锅水，冷水时先将羊肉块放入锅，煮至滚约煮2分钟后取出，冷水洗净沥干，备用。
3. 将羊肉放入电饭锅内锅，加入柿饼、水、绍兴酒、葱段及姜片，盖上锅盖，按下煲汤开关。
4. 待开关跳起，煮至开关跳起，再焖20分钟后，加入盐调味即可。

木瓜羊肉汤

材料
青木瓜 200克、带皮羊肉400克、胡萝卜100克、姜片 20克、水适量

调料
米酒 50毫升、盐1小匙

做法
1. 羊肉洗净剁小块；青木瓜去皮、去籽、切小块；胡萝卜去皮切小块，备用。
2. 煮一锅水，冷水时先将羊肉块放入锅，煮至滚2分钟后取出，冷水洗净沥干，备用。
3. 将羊肉放入电饭锅内锅，加入青木瓜和胡萝卜、水、米酒及姜片，盖上锅盖，按下煲汤开关。
4. 待开关跳起，再焖20分钟后，加入盐调味即可。

当归羊肉汤

材料
当归5克、带皮羊肉400克、姜片10克、熟地5克、黄芪8克、红枣12颗、枸杞子15克、水适量

调料
米酒 50毫升、盐 1小匙、白糖1/2小匙

做法
1. 将羊肉块放入沸水中汆烫去血水；当归、黄芪稍微清洗后与熟地一起放入药包袋中，备用。
2. 将所有材料、药包袋与红枣、枸杞子和米酒放入电饭锅内锅中，加适量水，盖上锅盖，按下煲汤开关，待开关跳起，冷却后，再按下开关，煮至开关键跳起，再焖20分钟后，加入其余调味料即可。

陈皮红枣羊肉汤

材料
陈皮5克、红枣12颗、带皮羊肉400克、姜片10克、水适量

调料
米酒 50毫升、盐 1小匙、白糖 1/2小匙

做法
1. 将羊肉块放入沸水中汆烫去血水；陈皮洗净，去白膜；红枣稍微洗过，备用。
2. 将所有材料、中药材与米酒放入电饭锅中，加入适量水，盖上锅盖，按下煲汤开关，待开关跳起，冷却后，再按下加热开关，跳起再焖20分钟后，加入其余调味料即可。

什锦羊肉汤

材料

带皮羊肉400克、圆白菜1/2颗、金针菇100克、豆腐100克、火锅料适量、水6杯

做法

1. 圆白菜洗净切段；金针菇洗净去须根；豆腐切块，备用；羊肉洗净，汆烫熟，备用。

2. 带皮羊肉放入电饭锅内锅，加入圆白菜，再加入6杯水，按下煲汤开关，待水滚后再放入金针菇、豆腐、火锅料（汤滚后可强制成保温状态）即可。

备注：火锅料及青菜可依各人喜好挑选，食用此汤时可选择市售豆腐乳酱作为蘸酱。

药膳羊肉汤

材料

花椒粒5克、八角5克、水适量、陈皮6克、甘草5克、山柰10克、草果1粒、枸杞子少许、带皮羊肉400克

调料

米酒50毫升、白糖1小匙、盐1小匙

做法

1. 带皮羊肉块放入沸水中汆烫；除羊肉外的其他材料放入药包袋中备用。

2. 将药包袋与羊肉放入电饭锅内锅中，加入米酒、水、白糖炖煮，按下煲汤开关，待开关跳起冷却后，再按下煲汤开关煮一次，跳起焖20分钟后，加入盐调味即可。

美味关键 带皮羊肉肉质较硬，需要长时间炖煮，而且羊肉皮下脂肪腥膻味重，若不喜欢可以选择去皮羊肉。

蔬菜羊肉汤

材料

带皮羊肉	400克
胡萝卜	80克
圆白菜	100克
洋葱	100克
姜片	30克
水	适量

调料

米酒	50毫升
盐	1小匙
白糖	1/2小匙

做法

1. 胡萝卜去皮与圆白菜及洋葱切块；带皮羊肉洗净剁块，放入沸水中汆烫去血水，备用。

2. 将所有材料、米酒放入电饭锅内锅中，加入适量水，盖上锅盖，按下煲汤开关，待开关跳起，再加1/2杯水再按下煲汤开关煮一次，待开关跳起焖20分钟后，加入其余调味料即可。

美味关键 羊肉需要炖煮稍久的时间，因此蔬菜别切得太小块，以免在熬煮的过程中糊化，吃起来口感就不好。这道蔬菜羊肉汤也可以当作是火锅汤底，等炖好后放在炉上，一边吃，一边涮入羊肉片及其他火锅料，也别有滋味。

冬瓜薏米老鸭汤

材料
冬瓜300克、薏米50克、老鸭肉约600克、姜片30克、水适量

调料
米酒50毫升、盐1小匙

做法
1. 老鸭肉洗净后剁小块；薏米洗净泡水1个小时后沥干水分；冬瓜去皮切块，备用。
2. 煮一锅水，老鸭肉放入锅汆烫约2分钟后取出，冷水洗净沥干，备用。
3. 将冬瓜块和鸭肉、薏米放入电饭锅内锅，加入水、米酒及姜片，盖上锅盖，按下开关。
4. 待开关跳起，加入盐调味即可。

蒜头田鸡汤

材料
蒜头20瓣、田鸡600克、姜片20克、水适量

调料
米酒50毫升、盐1小匙

做法
1. 田鸡掏去内脏，洗净后剁小块，备用。
2. 煮一锅水，将处理过的田鸡放入锅，煮至滚再煮10秒钟后取出，冷水洗净沥干。
3. 将田鸡放入电饭锅内锅，加入水、蒜头、姜片及米酒，盖上锅盖，按下煲汤开关。
4. 煮至开关跳起，加盐调味即可。

佛跳墙

材料

大白菜	1/2棵
炸芋头块	180克
猪排骨酥	150克
板栗	30克
笋丝	100克
猪肉丝	20克
鱼皮丝	150克
香菇丝	10朵
鸡汤	800毫升
蒜头	12瓣
水	适量

调料

陈醋	1小匙
蚝油	1大匙
酱油	1小匙

做法

① 将大白菜洗净，切成大块状，再放入滚水中汆烫备用。

② 蒜头洗净，用餐巾纸吸干水分，放入炒锅中，加入1小匙色拉油（材料外），以小火煎至焦黄备用。

③ 瓮中依序摆入炸芋头块、猪排骨酥、大白菜块、板栗、笋丝、猪肉丝、鱼皮丝、香菇丝、蒜头，再加入所有调味料。

④ 瓮中倒入鸡汤至约九分满，包上保鲜膜，移入电饭锅中，盖上锅盖，按下煲汤开关，待开关跳起，再加入约2杯水，续煮至开关再次跳起即可。

姜母鸭汤

材料
鸭肉块600克、姜片50克、水适量

调料
盐1小匙、米酒50毫升、胡麻油1大匙

做法
① 鸭肉块放入沸水中汆烫去血水备用。
② 所有材料、米酒及胡麻油放入电饭锅内锅，加入适量水，盖上锅盖，按下煲汤开关，待开关跳起，续焖30分钟后，加入盐调味即可。

美味关键 胡麻油也就是现在人们所说的亚麻籽油，常用来爆香或炖煮食物。而麻油又称香油，用来拌菜或者增添菜品色泽居多。

当归鸭汤

材料
鸭肉块600克、姜片10克、当归10克、黑枣8颗、枸杞子5克、黄芪8克、水适量

调料
盐1小匙、米酒50毫升

做法
① 鸭肉块放入沸水中汆烫去血水；除鸭肉与姜片外的剩余材料，稍微清洗后沥干，备用。
② 将所有材料与米酒放入电饭锅内锅，加入适量水，盖上锅盖，按下煲汤开关，待开关跳起，续焖30分钟后，加入盐调味即可。

陈皮鸭汤

材料
陈皮10克、鸭肉400克、姜片6片、葱白2根、水
适量

调料
盐 1小匙、鸡粉1/2小匙、绍兴酒1大匙

做法
① 鸭肉剁小块、氽烫洗净，备用。
② 陈皮泡水至软、削去白膜切小块，备用。
③ 姜片、葱白用牙签串起，备用。
④ 取一内锅，放入鸭块、陈皮、姜片、葱
白，再加入水及所有调味料。
⑤ 将内锅放入电饭锅里，盖上锅盖、按下煲
汤开关，煮至开关跳起后，捞除姜片、葱
白即可。

酸菜鸭汤

材料
酸菜300克、鸭肉900克、姜片30克、米酒3
大匙、水适量

调料
盐 1小匙、鸡粉1/2小匙

做法
① 鸭肉洗净切块，放入滚水中略氽烫后，捞
起冲水洗净，沥干备用。
② 酸菜洗净切片备用。
③ 取内锅，放入鸭肉、姜片、酸菜片、水和
米酒，放入电饭锅中。
④ 按下煲汤开关，待开关跳起，加入调味料
即可。

茶树菇鸭肉汤

材料
茶树菇50克、鸭肉800克、蒜头12瓣、水适量

调料
绍兴酒50毫升、盐1小匙

做法
1. 鸭肉洗净后剁小块；茶树菇泡水5分钟后沥干，备用。
2. 煮一锅水，水滚开后将鸭肉块放入锅氽烫2分钟后取出，冷水洗净沥干，备用。
3. 将茶树菇和烫过的鸭肉块放入电饭锅内锅，加入水、绍兴酒及蒜头，盖上锅盖，按下煲汤开关。
4. 待开关跳起，加入盐调味即可。

姜丝豆酱鸭汤

材料
姜50克、客家豆酱5大匙、米鸭400克、水适量

调料
盐少许、鸡粉少许

做法
1. 米鸭剁小块，放入滚水氽烫后捞出备用。
2. 姜去皮，切细丝备用。
3. 将米鸭、姜丝、客家豆腐、所有调味料和水，放入内锅中，再放入电饭锅，按下煲汤开关，煮至开关跳起即可。

陈皮红枣鸭汤

材料

陈皮10克、红枣12颗、鸭肉400克、党参8克
姜片30克、水适量

调料

绍兴酒50毫升、盐1小匙

做法

① 鸭肉洗净后剁小块，备用。

② 煮一锅水，水滚后将鸭肉块放入锅氽烫约2
分钟后取出，冷水洗净沥干，备用。

③ 将烫过的鸭肉块放入电饭锅内锅，加入
水、陈皮、绍兴酒、红枣、党参及姜片，
盖上锅盖，按下煲汤开关。

④ 待开关跳起，加入盐调味即可。

姜丝鲜鱼汤

材料

姜30克、鲜鱼1条、葱1根、米酒2大匙、枸杞子
1大匙、水4杯

调料

盐少许

做法

① 鲜鱼去鳞去内脏后切大块；姜洗净切丝；
葱洗净切段，备用。

② 取一内锅加4杯水放入电饭锅中，盖锅盖后
按下煲汤开关。

③ 待内锅的水开后开盖，放入鲜鱼、姜丝、
米酒、葱段，盖锅盖后，待开关跳起后，
加盐调味，撒上枸杞子即可。

PART5

咸粥小凉菜，
寒热相配润肠胃

　　一碗粥，一碟小菜，对于平日里压力重重的肠胃来说是极好的，可以给肠胃以休整和调养。就像我们忙碌日子里的某个休闲的下午，会有一种难以言说的轻松和愉悦！

搭配咸粥的高汤

你以为咸粥就只是加入了盐吗？那你可就大错特错了，虽然在熬煮白粥的时候，大部分的人都是以大量的水来一同熬煮，但是你知道吗？利用不同的高汤来代替无色无味的水，所熬制出来的咸粥味道绝对会令你啧啧称奇，不妨试着用以下既营养又美味的三种热门咸粥高汤煮粥，一定会让你的咸粥大放异彩！

大骨高汤

材料

鸡骨400克、猪筒骨400克

做法

将鸡骨和筒骨氽烫过后捞起，另取一锅，加入水、鸡骨、筒骨一同焖煮约2个小时后，再过滤出汤底即可。

蔬菜高汤

材料

芹菜150克、胡萝卜1/2根、姜50克、土豆1个、白萝卜1/2根、荸荠5颗

做法

将材料洗净切块后，加入水焖煮约2个小时，再过滤出汤底即可。

虾米柴鱼高汤

材料

虾米400克、柴鱼片400克、水5升、葱3根、姜50克、海带100克

做法

❶ 先将虾米、葱、姜和海带洗净备用。

❷ 取一锅，放入做法1的材料、柴鱼片和水，焖煮约90分钟后，再过滤出汤底即可。

肉丁豆仔粥

材料
大米150克、四季豆150克、猪瘦肉100克、鲜香菇2朵、熟芝麻适量、高汤1800毫升

调料
盐1小匙、鸡粉1/2小匙

腌料
淀粉少许、料酒适量

做法
1. 大米洗净，泡水约1个小时后沥干；四季豆洗净，去除头尾切小段；鲜香菇洗净，去除蒂头切丁；猪瘦肉洗净沥干，切小丁加入腌料腌约5分钟。
2. 大米放入汤锅，加入高汤以中火煮沸，稍微搅拌后改小火熬煮约20分钟，加入猪瘦肉、四季豆和香菇丁，改中火煮沸后，改转小火续煮至肉丁熟透，加入调料，再撒入熟芝麻即可。

素烧烤麸

材料
烤麸6个、姜末1/2小匙、胡萝卜片100克、甜豆100克、鲜木耳2朵、水适量

调料
素蚝油1大匙、盐1/4小匙、白糖1/2小匙、香油2小匙、色拉油适量

做法
1. 先将烤麸以手撕成小块状，再以中油温（160℃）将烤麸块炸至表面呈现金黄色；木耳撕小片。
2. 将炸过的烤麸块放入滚水中，煮约30秒去掉油脂捞出。
3. 取一炒锅，于锅内加少许油，先放入姜末爆香，再加入胡萝卜片、甜豆、木耳片、水、烤麸块及调味料拌炒均匀，以小火烧至水分收干即可。

肉片粥

材料
大米饭300克、熟猪肉片100克、小白菜50克、油葱酥适量、葱花少许、高汤850毫升

调料
盐1/2小匙、鸡粉1/2小匙、白胡椒粉少许

做法
① 小白菜洗净，沥干水分后切小片备用。
② 汤锅中倒入高汤以中火煮至滚开，放入米饭改小火拌煮至略浓稠，加入小白菜及熟猪肉片续煮约1分钟，再加入所有调味料调味，最后加入油葱酥和葱花煮匀即可。

美味关键
利用熟肉片煮粥的好处是快速而且汤汁清澈，肉片虽然已经熟了，加入后再稍微煮一下才能让粥的味道更好，肉片也会因为吸收汤汁而变得软嫩。

葱油鸡丝豆芽

材料
鸡胸肉100克、绿豆芽100克、韭菜10克、红椒丝15克、蒜头2瓣

调料
A 淀粉1小匙、盐1/6小匙、米酒1小匙、蛋清1大匙
B 酱油2大匙、红葱油1大匙、白糖1小匙

做法
① 鸡胸肉切成长约4厘米的细丝，加入所有调味料A拌匀，腌渍约3分钟；蒜头切碎；韭菜切小段与绿豆芽烫熟，备用。
② 取300毫升的冷开水（分量外），加热至约80℃后关火，放入鸡丝，并用筷子将鸡丝拌开，待鸡丝表面变白并散开，烫熟取出备用。
③ 另取锅烧热，倒入红葱油，加入蒜碎炒香，加入酱油、水及白糖煮开成酱汁，淋至鸡丝上，拌入绿豆芽、韭菜段和红椒丝即可。

鲜果海鲜卷

材料

鱼肉	100克
鱿鱼	100克
去皮香瓜	50克
胡萝卜	20克
洋葱	20克
蛋黄酱	2大匙
越南春卷皮	6张
低筋面粉	2大匙
水淀粉	1大匙
面包粉	适量
水	适量

调料

盐	1/2小匙
白糖	1/4小匙
色拉油	适量

做法

1. 香瓜、洋葱、胡萝卜洗净切小丁，备用。

2. 鱼肉、鱿鱼肉切丁，汆烫沥干，备用。

3. 热锅，加入适量色拉油，放入洋葱丁以小火略炒，再加入3大匙水（分量外）、鱼肉丁、鱿鱼丁、胡萝卜丁、所有调味料煮滚，再加入水淀粉勾浓芡后熄火，待凉冷冻约10分钟，再加入蛋黄酱及香瓜丁拌匀，即为鲜果海鲜馅料。

4. 面粉加入3大匙水调成面糊，备用。

5. 越南春卷皮沾凉开水即取出，放入1大匙馅料卷起，整卷蘸上面糊，再均匀蘸裹上面包粉，放入油锅中以低油温中火炸至金黄浮起，捞出沥油后盛盘即可。

白果牛肉粥

材料

大米150克、白果100克、碎牛肉300克、芹菜末15克、姜末15克、水1500毫升

调料

米酒1小匙、蛋清1大匙、盐1/2小匙、白胡椒粉1/4小匙、香油1大匙

做法

1. 大米淘洗干净沥干；白果洗净沥干；碎牛肉以米酒及蛋清抓匀。

2. 汤锅倒入1500毫升水以中火煮沸，加入大米，改大火煮开后再以小火续煮并维持锅中略翻滚的状态。

3. 以小火煮约10分钟后，加入洗净的白果拌匀续煮30分钟。

4. 将处理过的碎牛肉及姜末加入锅中拌匀再次煮沸，关火加入盐、白胡椒粉，再放入芹菜末及香油拌匀即可。

山楂排骨

材料

猪排骨400克、山楂片150克、水550毫升

调料

冰糖100克、番茄酱1大匙、盐1/2小匙、色拉油适量

做法

1. 先将猪排骨剁成方块状，氽水再冲水（分量外）去除表面脏污后沥干。

2. 山楂片放入200毫升水中，以小火煮约45分钟后过滤去渣，再加冰糖和番茄酱煮至滚沸，备用。

3. 将猪排骨放入炒锅，煎至表面呈金黄后加350毫升水和盐，以小火煮约25分钟，再加盖焖约15分钟后取出放凉。

4. 将放凉的猪排骨块放入山楂液中浸泡，泡约1天即可食用。

莲子排骨粥

材料
大米120克、猪排骨400克、莲子50克、枸杞子10克、姜末30克、水1500毫升

调料
盐1/2小匙、白胡椒粉1/4小匙、香油1小匙

做法
1. 大米淘洗干净后沥干水分，莲子及枸杞子洗净备用；莲子提前泡发。
2. 排骨洗净剁成小块，放入开水中汆烫约5秒钟，取出再次洗净沥干备用。
3. 汤锅倒入1500毫升水以中火煮滚，加入洗好大米、枸杞子、莲子和排骨，改大火煮开后再以小火续煮并维持锅中略滚的状态。
4. 小火煮约40分钟至排骨软烂，加入姜末煮匀，关火加入盐、白胡椒粉及香油拌匀即可。

梅酱淋鱿鱼

材料
鱿鱼300克、姜片30克、姜末20克

调料
泰式梅酱1大匙、鱼露1小匙、柠檬汁少许、料酒1大匙

做法
1. 鱿鱼洗净去膜及内脏，切成约1厘米宽的鱿鱼圈。
2. 取一锅水，加入姜片、料酒，将水煮沸，将鱿鱼圈放入锅汆烫约1分钟后取出，过冰水备用。
3. 泰式梅酱加入姜末、鱼露拌匀。
4. 将鱿鱼圈置于盘内，淋上调好的泰式梅酱即完成。食用时，可以加入少许柠檬汁，可增加香气。

红枣乌鸡粥

材料
大米120克、乌鸡400克、红枣20颗、姜片50克、葱花少许、水1500毫升

调料
胡麻油4大匙、盐1/2小匙、白胡椒粉1/4小匙

做法

① 大米淘洗干净；红枣洗净沥干，表面稍微划开备用；乌鸡洗净剁小块，放入开水中汆烫约10秒钟，取出洗净沥干。

② 取炒锅烧热加入胡麻油及姜片，小火煸炒至姜边缘略焦，加入乌鸡块以小火炒香后盛出。

③ 将炒香的乌鸡块倒入汤锅，加入1500毫升水以中火煮滚，再加入红枣和大米，改大火煮开后，再以小火续煮约40分钟至鸡肉软烂，关火加入盐、白胡椒粉，再放入葱花拌匀即可。

盐焗鲜虾

材料
白刺虾200克、葱2根、姜25克

调料
盐1小匙、米酒1大匙

做法

① 把白刺虾洗净后，剪掉长须、尖刺；葱洗净切段；姜切片，备用。

② 将葱段、姜片及所有调味料放入锅中，开火煮至滚沸后，加入白刺虾盖上锅盖，转中火焖煮约2分钟即关火，挑去葱段、姜片后，将白刺虾起锅装盘即可。

美味关键 盐焗不是一般的焗烤，做法就是用盐水焖煮至熟的方式，更能保存鲜虾的鲜甜味道。

大骨糙米粥

材料
糙米　　200克
猪大骨　900克
胡萝卜　150克
土豆　　200克
姜片　　2片
葱花　　少许
高汤　　2500毫升

调料
盐　　　1小匙
鸡粉　　少许
料酒　　少许

做法
1. 将猪大骨洗净，放入滚水中氽烫至汤汁出现大量灰褐色浮沫，倒除汤汁再次将猪大骨洗净备用。
2. 糙米洗净沥干水分备用。
3. 胡萝卜、土豆均洗净，去皮后切小块备用。
4. 将猪大骨放入汤锅中，加入高汤和糙米以中火煮至滚沸，稍微搅拌后改小火熬煮约40分钟，加入胡萝卜、土豆块、姜片改中火煮至滚沸，再改转小火续煮约30分钟，熄火加盖焖约15分钟，开盖以调味料调味，再撒入葱花即可。

棒棒鸡

材料

土鸡腿	1只
姜片	3片
葱段	3根
姜丝	15克
红辣椒丝	10克
辣椒油	1小匙
香油	1/2小匙
花椒油	1/4小匙

调料

盐	1/2小匙
酱油	1/2小匙
白糖	1/2小匙
芝麻酱	1/2小匙

做法

1. 煮一锅开水（水量只需刚好盖过鸡腿），加入姜片、1根葱段后将鸡腿放入，以小火煮约20分钟后熄火，再加盖焖约10分钟捞出放凉。

2. 葱段洗净切丝；将鸡腿用手撕成粗丝状。

3. 将调味料混合拌匀，再加入辣椒油、花椒油和香油拌匀，即为酱汁备用。

4. 将鸡腿丝、葱丝、姜丝、红辣椒丝及酱汁拌匀即可。

猪肝粥

材料

米饭200克、高汤700毫升、猪肝（切丁）120克、鸡蛋（打散）1个、葱花5克、香油1小匙

调料

白胡椒粉少许、盐1小匙

做法

1. 取一锅，将高汤倒入锅中煮开，再放入压散的米饭，煮滚后转小火，续煮至米粒糊烂。
2. 于粥中加入猪肝丁，并搅拌均匀，再煮约1分钟后，加入盐、白胡椒粉、香油，接着淋入打散的鸡蛋，拌匀凝固后熄火。
3. 起锅装碗后，可依个人喜好撒上葱花搭配即可。

云白肉

材料

猪里脊肉200克、姜片30克、葱段1根、蒜泥1小匙、红辣椒末1/2小匙、姜泥1/2小匙、葱末1/2小匙、香油1小匙

调料

酱油2大匙、白糖1小匙、高汤2大匙

做法

1. 煮开一锅水，加入姜片、葱段后放入猪里脊肉，以小火煮约25分钟熄火，再加盖焖20分钟。
2. 将猪里脊肉取出，放入冰块水中冰镇约15分钟，再捞出沥干。
3. 蒜泥、红辣椒末、姜泥和葱末与调味料混合拌匀，即为酱汁备用。
4. 将猪里脊肉切成薄片摆盘，再淋上酱汁、香油即可。

备注：高汤即煮完里脊肉后的水。

菱角肉片粥

材料
大米150克、猪肉100克、菱角200克、鲜香菇2朵、香菜适量、高汤1800毫升

调料
盐1小匙、鸡粉1/2小匙、淀粉少许

做法

1. 大米洗净泡水20分钟后，沥干。

2. 猪肉洗净沥干，切片放入大碗中，加入盐和淀粉腌约5分钟备用。

3. 菱角洗净，放入滚水中汆烫一下，捞出沥干；鲜香菇洗净，切除蒂头后切丝。

4. 将大米放入汤锅中，加入高汤以中火煮至滚沸，加入菱角稍微搅拌后改小火熬煮约30分钟，加入猪肉片和鲜香菇丝改中火煮至滚开后，再改小火续煮肉片熟透，以调料调味再撒入香菜即可。

小黄瓜拌牛肚

材料
小黄瓜2条、熟牛肚200克、蒜瓣3瓣、葱1根、红辣椒1个

调料
辣椒油1大匙、香油1大匙、酱油1小匙、白胡椒粉适量、盐适量

做法

1. 小黄瓜洗净去籽切丝，放入沸水中略汆烫后，捞起泡入冰水（材料外）中，备用。

2. 熟牛肚切片；蒜瓣和葱洗净切末；红辣椒洗净切丝备用。

3. 取容器，加入所有的调味料拌匀，再加入所有材料混合均匀即可。

百合鱼片粥

材料
大米150克、鲷鱼肉200克、新鲜百合50克、胡萝卜片10克、葱花15克、姜丝15克、水1500毫升

调料
米酒1小匙、淀粉1小匙、盐1/2小匙、白胡椒粉1/4小匙、香油1大匙

做法
1. 大米淘洗干净后沥干；新鲜百合剥成片状洗净；鲷鱼肉洗净切小片，加入米酒及淀粉抓匀，放入开水中汆烫约5秒钟，取出鱼片再泡入冷水中沥干。
2. 汤锅倒入1500毫升水以中火煮滚，加入大米，改大火煮开后，以小火续煮约30分钟，加入胡萝卜片、百合片煮约10分钟，再放入鱼片再次煮沸，关火加入盐、白胡椒粉，再放入葱花、姜丝及香油拌匀即可。

糖醋圆白菜丝

材料
圆白菜丝150克、胡萝卜丝100克、葱丝60克

调料
A 盐1/4大匙
B 白醋3大匙、白糖2大匙、香油1/2大匙

做法
1. 将圆白菜丝、胡萝卜丝及1/4大匙盐一起拌匀，腌约15分钟，再倒掉盐水，沥干备用。
2. 将调味料B拌匀，加入圆白菜丝、胡萝卜丝一起拌匀腌入味，最后再加入葱丝拌匀即可。

美味关键 生菜都带有少许的涩味，以盐腌渍涩水会释出，用凉开水略冲洗后即可去除涩味，让生菜更甜脆可口。

海鲜粥

材料
虾仁100克、墨鱼100克、蛤蜊5个、韭菜2根、姜丝50克、白粥180克、虾米柴鱼高汤2500毫升、鸡蛋1个

调料
盐1小匙、白胡椒粉1/2小匙

做法

① 虾仁洗净后用刀在背部略为切开，再放入滚水中汆烫取出备用；墨鱼用刀切花后，再放入滚水中汆烫取出备用；蛤蜊浸泡在盐水中让它吐沙完成后取出备用；韭菜切段备用。

② 取一汤锅，放入虾米柴鱼高汤、虾仁、墨鱼、姜丝、蛤蜊、白粥、韭菜段和所有的调味料，以中火将粥煮开后即可熄火。

③ 将鸡蛋打散后，淋入锅中可。

火腿三丝

材料
火腿80克、金针菇60克、胡萝卜50克、小黄瓜1根

调料
盐1/4小匙、鸡粉少许、白糖少许、黑胡椒粉1/4小匙、香油1大匙

做法

① 火腿切丝；金针菇去须根洗净；胡萝卜去皮切丝；小黄瓜洗净去头尾切丝，备用。

② 将金针菇、胡萝卜丝放入滚水中汆烫熟，备用。

③ 小黄瓜丝加入少许盐（分量外），搅拌均匀腌约10分钟，再次抓匀并用冷开水略冲洗，备用。

④ 取一大碗，装入所有材料及调味料搅拌均匀即可。

咸稀饭

📋 材料
大米1杯、猪排骨300克、香菇3朵、芋头1/3个、胡萝卜少许、芹菜末或葱花少许、水适量

🥛 调料
盐1大匙、胡椒粉适量

🍲 做法
1. 大米洗净；胡萝卜、香菇、芋头洗净切大丁。
2. 猪排骨斩块，入热水汆烫捞出洗净。
3. 所有材料放入电饭锅内锅，加适量水，按下煲粥键煮至开关跳起后再焖5分钟，加入调味料即可。

糟醉鸡片

📋 材料
土鸡胸肉200克、小黄瓜1根、姜片20克、葱1根

🥛 调料
酒酿汁4大匙、盐1/2小匙、胡椒粉少许

🍲 做法
1. 土鸡胸肉洗净去筋膜；小黄瓜洗净去头尾，切片备用；葱洗净切段。
2. 煮一锅滚沸的水，放入姜片、葱段及去筋膜的鸡胸肉，以小火煮约15分钟，捞出鸡胸肉，待凉备用。
3. 将鸡胸肉以斜刀切薄片，备用。
4. 将鸡肉片、小黄瓜片和所有调味料一起拌匀，放入冰箱冷藏腌渍一夜即可。

排骨燕麦粥

材料
综合燕麦150克、猪排骨500克、上海青50克、姜片2片、高汤2300毫升

调料
盐1小匙、鲜鸡粉1/2小匙、料酒1大匙

做法

❶ 将猪排骨洗净，放入滚水中汆烫至汤汁出现大量灰褐色浮沫，倒除汤汁再次洗净备用。

❷ 上海青洗净，切小段备用。

❸ 将猪排骨放入电饭锅中，加入高汤、姜片和综合燕麦拌匀后，按下煲粥键煮至开关跳起，开盖加入上海青拌匀，继续焖约5分钟，再以调味料调味即可。

芒果拌牛肉

材料
芒果1个、牛肉300克、洋葱1/2个、香菜2棵、红辣椒1个

调料
酱油1小匙、白糖1小匙、香油1大匙、盐少许、黑胡椒粉少许

腌料
淀粉1小匙、香油1小匙、盐少许、白胡椒粉少许

做法

❶ 芒果去皮切条，洋葱洗净切丝、泡水去辛辣味，控干水分；香菜及红辣椒洗净皆切碎，备用。

❷ 将牛肉切成小条状，加入腌料腌渍约15分钟，放入滚水中汆烫，捞起放凉备用。

❸ 将全部材料和所有调味料一起拌匀即可。

PART6

甜粥有伴侣，
暖胃润喉养容颜

对于喜好甜食的女士来说，甜粥无疑是最好的选择，银耳粥、雪梨粥，夏日解暑，秋日润喉，清肠、瘦身、养颜、解馋，一碗粥，几乎满足了所有需求。

八宝粥

材料

糙米	50克
大米	50克
圆糯米	20克
红豆	50克
薏米	50克
花生仁	50克
桂圆肉	50克
花豆	40克
雪莲子	40克
莲子	40克
绿豆	40克
水	1600毫升

调料

冰糖	50克
白糖	80克
绍兴酒	20毫升

做法

❶ 将糙米、花豆、薏米、花生仁、雪莲子一起洗净，泡水至少5个小时后沥干；红豆另外洗净，以能淹过红豆的水量浸泡至少5个小时后沥干，浸泡水留下；备用。

❷ 将大米、圆糯米、绿豆、莲子一起洗净沥干备用。

❸ 将泡好的各种豆子连同泡红豆的水和大米、圆糯米、绿豆、莲子一起放入电饭锅内的锅中，加入1600毫升水和绍兴酒拌匀，按下煲粥键，煮至开关跳起，续焖约10分钟。

❹ 桂圆肉洗净沥干水分，放入煮好的粥中拌匀，再按下开关，煮至开关跳起，续焖约5分钟，最后加入冰糖和白糖拌匀即可。

酸辣鱿鱼

材料
材料	用量
鲜鱿鱼	150克
西红柿	50克
香菜	10克
洋葱丝	30克
泰式酸辣酱	3大匙

做法
1. 鲜鱿鱼去掉外膜后，斜刀在鱿鱼内侧切花刀后切小块；西红柿洗净切片备用。
2. 煮一锅水至沸腾，放入鲜鱿鱼汆烫约1分钟，捞起沥干放凉备用。
3. 将所有材料加入泰式酸辣酱拌匀，撒上香菜即可。

泰式酸辣酱

材料： 红辣椒15克、蒜头20克、鱼露50克、白糖20克、柠檬汁40克

做法： 1.将红辣椒、蒜头切成碎丁备用。

2.将所有材料混合拌匀即可。

麦片甜粥

材料
综合燕麦片150克、葡萄干30克、蔓越莓干丁30克、水适量

调料
冰糖80克

做法
1. 葡萄干、蔓越莓干丁一起洗净，沥干水分备用。
2. 综合燕麦片洗净，沥干水分备用。
3. 将麦片放入电饭锅内锅中，加入水拌匀，按下煲粥键，煮至开关跳起，继续焖约5分钟，最后加入葡萄干、蔓越莓干丁和冰糖拌匀即可。

豆沙锅饼

材料
中筋面粉100克、鸡蛋1个、吉士粉10克、豆沙40克、花生粉适量、食用油适量

做法
1. 将中筋面粉与吉士粉混合，再加入水搅拌均匀，并拌打至有筋性后，加入鸡蛋拌匀。
2. 平底锅加热，抹上少许油，将面糊分两次摊平煎成薄饼，只需煎一面即可起锅。
3. 将豆沙蒸软后分成2份，铺于饼面后，从左右两边1/3处折至中心线后再对折成长条形。
4. 平底锅加入1大匙油热锅，放入面饼煎至两面金黄取出，切小块，洒上花生粉即可。

银耳莲子粥

材料
银耳10克、莲子40克、大米100克、枸杞子5克、水适量

调料
黄冰糖70克

做法
1. 银耳洗净，泡水约30分钟后沥干水分，撕成小朵备用。
2. 莲子和大米一起洗净沥干水分；枸杞子另外洗净沥干；备用。
3. 将莲子、银耳放入电饭锅内锅中，加入水拌匀，按下煲粥键煮至开关跳起，继续焖约5分钟，再加入大米拌匀，再按下煲粥键，再煮至开关跳起，再焖约5分钟，加入枸杞子和黄冰糖拌匀即可。

焦糖拔丝红薯

材料
A 红薯1个、黑芝麻适量
B 白糖50克、麦芽40克、食用油适量

做法
1. 红薯洗净并去皮后，切适当块状备用。
2. 热一油锅，待油烧热至160℃时，将红薯块放入锅中油炸至软，再将油烧热至180℃，将红薯块炸成酥脆状后，盛起沥油备用。
3. 另取锅，于锅中放入白糖和麦芽，一起煮成焦糖色熄火，将红薯块放入锅中均匀地裹上焦糖液。
4. 取盘，涂上薄薄的食用油后，放入红薯块，再撒上黑芝麻后待冷却即可。

紫米桂圆粥

材料

紫米150克、桂圆肉50克、圆糯米100克、水适量

调料

冰糖100克、米酒30毫升

做法

❶ 桂圆肉洗净沥干水分，加入米酒抓拌均匀，备用。

❷ 圆糯米、紫米洗净，泡入冷水中浸泡约2个小时后捞出沥干备用。

❸ 取一深锅，加入水和圆糯米和紫米，以大火煮至滚沸后转至小火煮约40分钟，再加入桂圆肉煮约15分钟，倒入冰糖搅拌至冰糖溶解即可。

蜜汁菱角

材料

生菱角仁300克、熟白芝麻少许、淀粉少许、蜂蜜1大匙、食用油和水适量

调料

白糖1大匙、麦芽糖1大匙、酱油1/2大匙、白醋少许

做法

❶ 生菱角仁洗净沥干水分，放入电饭锅内锅，外锅加1杯水（或放入蒸锅中，约蒸30分钟）蒸熟备用。

❷ 取筷子，将菱角蘸上淀粉，再放入150℃油锅中，炸1~2分钟挟起沥干油分。

❸ 钢锅中放入水、所有调料以小火煮成浓稠状蜜汁，再倒入蜂蜜，放入菱角仁沾满蜜汁，再撒上熟白芝麻即可。

花生甜粥

材料
花生仁200克、薏米100克、红枣12粒、水适量

调料
白糖100克

做法
1. 花生仁洗净沥干，泡入冷水中浸泡约5个小时后捞出沥干；红枣洗净泡入冷水；薏米洗净，沥干水分。
2. 取一深锅，加入水和花生仁，以大火煮至滚沸后转至小火，盖上锅盖煮约30分钟，再加入薏米和红枣煮约20分钟，倒入白糖搅拌至白糖溶解即可。

美味关键　去核的红枣不会太过燥热上火，如果买来的红枣带核，可以泡入冷水中软化后剖开去核后食用。

酸姜皮蛋

材料
溏心皮蛋2个、醋姜片30克

调料
柴鱼酱油1大匙

做法
1. 先将皮蛋放入滚水中，煮约2分钟后取出放入冷水中冲凉，备用。
2. 将皮蛋剥去蛋壳，切成4等份后放上醋姜片，淋上酱汁即可。

美味关键　选购皮蛋时，要注意蛋形是否正常、蛋壳是否完整、无破裂损伤，蛋壳面呈茶青色，斑点少的为佳。

紫米粥

材料
紫米100克、大米100克、圆糯米20克、水适量

调料
冰糖130克、炼乳精适量

做法

① 紫米洗净，放入大碗中，加入约300毫升水浸泡约6个小时；大米和圆糯米一起洗净并沥干水分。

② 将紫米连浸泡的水一起放入煲锅中，再倒入大米和圆糯米以及适量水拌匀，以中火煮沸，改小火熬煮约40分钟至熟软，加入冰糖调味。食用前可淋上少许炼乳精增添风味。

美味关键 紫米的口感比较硬，所以通常会搭配大米一起煮，吃起来口感比较适中，而再添加少量圆糯米，可以使口感更为香浓滑润。

鸡丝拉皮

材料
土鸡鸡胸肉200克、姜片30克、葱1根、小黄瓜2根、粉皮2张、蒜头2瓣、红辣椒1/2个、辣椒油1小匙

调料
酱油1/2小匙、香油1小匙、盐1/2小匙、白糖2小匙、白醋1小匙、芝麻酱2大匙

做法

① 将鸡胸肉洗净去筋膜，放上姜片及葱段，放入蒸锅内蒸熟，趁热用刀身将肉拍松再撕成粗丝；小黄瓜洗净切丝，用盐腌5分钟后冲净沥干；蒜头、红辣椒切末；粉皮泡软切长条，加入香油拌匀。芝麻酱加入凉开水化开再加入其余调味料搅拌均匀。

② 将粉皮置盘底，再把黄瓜丝放在粉皮上，最上层摆上鸡丝，再撒上蒜末、红辣椒末，淋上芝麻酱调味汁，再加入辣椒油拌匀即可。

莲红百合粥

材料
新鲜莲子200克、红豆100克、新鲜百合200克、圆糯米100克、水适量

调料
冰糖100克

做法
1. 莲子洗净去莲子心；百合洗净剥瓣；红豆用冷水浸泡5个小时后，以盖过红豆的水量用电饭锅蒸2个小时备用。
2. 圆糯米以冷水浸泡2个小时后沥干水备用。
3. 取一深锅，加入适量水以大火煮开后转小火，加圆糯米煮40分钟，再加入莲子、红豆续煮10分钟后，加百合煮10分钟，再加冰糖调味即可。

苹果鸡丁

材料
鸡胸肉150克、苹果1个、小黄瓜1根、胡萝卜50克、蒜末5克

调料
Ⓐ 盐1/4小匙、白糖1小匙、梅醋1小匙、鸡精1/4小匙、香油少许
Ⓑ 米酒1小匙、盐少许、淀粉1/2大匙

做法
1. 鸡胸肉洗净切丁，加入调味料B腌约10分钟入味；苹果、小黄瓜、胡萝卜洗净各切丁，小黄瓜加盐（分量外）略拌后，腌约5分钟，放入冰水中待凉后取出。
2. 将胡萝卜丁放入沸水中氽烫约2分钟后捞出，再放入鸡丁煮约2分钟后，待颜色变白熟后捞出，泡入冰水中待凉，捞出沥干水分。
3. 将所有材料加入调料A连同蒜末拌匀即可。

桂圆燕麦粥

材料
桂圆肉40克、燕麦100克、糯米20克、大米100克、水适量

调料
冰糖120克、米酒少许

做法
1. 燕麦洗净，泡水约3个小时后沥干水分备用。
2. 糯米和大米一起洗净沥干水分备用。
3. 将燕麦、糯米、大米放入汤锅中，加入适量水，中火煮至滚沸，稍微搅拌后改转小火加盖熬煮约15分钟，再加入桂圆肉及调味料煮至再次滚沸即可。

美味关键 加入少量的米酒可以增加桂圆的香气，因为分量很少，煮过以后会将酒气散发掉，所以不用担心吃起来会有酒味。

栗子烤布丁

材料
鸡蛋2个、蛋黄1个、法式栗子泥120克、鲜牛奶200毫升、白糖30克、动物性鲜奶油110毫升、糖渍栗子适量

做法
1. 鲜牛奶加入白糖放入锅中以小火煮到糖化，加入鸡蛋、蛋黄、动物性鲜奶油、法式栗子泥搅拌均匀，过筛后倒入布丁杯中。
2. 在烤盘中注入温水，将布丁杯放入烤盘中隔水烤焙，以上下火160℃蒸烤30～40分钟。
3. 布丁表面放上少许鲜奶油和糖渍栗子，放入冰箱冷藏即可。

百合白果粥

材料
鲜百合30克、白果40克、米饭300克、枸杞子10克、水适量

调料
冰糖60克

做法
1. 鲜百合剥成片状，和枸杞子一起洗净。
2. 汤锅中倒入水以中火煮沸，放入米饭改转小火拌煮至颗粒散开，加入百合、枸杞子和白果再次煮沸，最后加入冰糖调味即可。

美味关键　以熟米饭搭配快熟的材料煮粥，熬煮的时间可以缩短很多，熬煮的时候只要调整自己喜欢的浓稠度就好，喜欢稠一点就多熬一下，喜欢稀一点，就煮至米饭都均匀散开并将其他材料的味道煮出来就好。

洋葱水晶鱼皮

材料
A 鱼皮200克
B 洋葱50克、红甜椒50克、黄甜椒50克、青辣椒50克

调料
鱼露2大匙、陈醋1大匙、酱油1大匙、香油1大匙、白糖1大匙、意式综合香料5克

做法
1. 鱼皮洗净，放入沸水中余烫，捞出放入冰水冰镇至凉，沥干备用。
2. 将材料B的所有材料切成细条状，放入冰水冰镇10分钟，沥干备用。
3. 将所有调味料放入容器中，搅拌均匀。
4. 在备好的调味料中再加入所有处理好的材料充分拌匀即可。

菊花养生粥

材料
圆糯米200克、干燥黄菊花37克、水适量

调料
冰糖75克

做法
1. 圆糯米提前浸泡。
2. 取一深锅，加入12杯水，以大火煮开，先转小火再放入黄菊花煮15分钟后，捞掉黄菊花。
3. 将洗净的圆糯米加入锅中，继续煮30分钟后，加冰糖调味即可。

酸辣芒果虾

材料
小黄瓜40克、红甜椒40克、芒果80克、虾仁10颗

调料
辣椒粉1/6小匙、柠檬汁1小匙、盐1/6小匙、白糖1小匙

做法
1. 小黄瓜、红甜椒、芒果洗净切丁。
2. 虾仁烫熟后放凉备用。
3. 将所有材料放入碗中，加入所有调味料拌匀即可。

川贝水梨粥

材料

川贝37克、水梨3个（约600克）、圆糯米1/2杯、水适量

调料

冰糖75克

做法

❶ 川贝以冷水浸泡1个小时后取出；圆糯米以冷水浸泡1个小时后沥干水备用。

❷ 水梨洗净，削去外皮剖开去心，切片备用。

❸ 取一深锅，加适量水，以大火煮开，加入川贝及圆糯米转小火煮开后继续煮40分钟，加入水梨一起煮20分钟，用冰糖调味即可。

香米拌牛肉

材料

Ⓐ 牛腱1个、蒜味花生仁3大匙、葱花2大匙

Ⓑ 葱1根、姜30克、八角3颗、花椒粒1小匙

调料

盐1小匙、酱油1/2小匙、白糖1/4小匙、香油1大匙、胡椒粉1/2小匙

做法

❶ 葱洗净切段；姜洗净切片；蒜味花生仁用刀背碾碎，备用。

❷ 取一锅水（以能淹过牛腱为准），放入姜片、葱段、八角和花椒粒，煮至滚沸后放入牛腱，以小火煮约2个小时，捞出沥干水分，待凉备用。

❸ 将牛腱切片，加入葱花及所有调味料一起拌匀，食用前再加入蒜味花生碎拌匀即可。

山药甜粥

材料
山药50克、米饭300克、紫山药50克、水适量

调料
冰糖70克

做法

1. 两种山药均去皮、洗净后切丁备用。
2. 汤锅中倒入水以中火煮至滚开，放入山药丁煮至再次滚沸，再加入米饭改小火拌煮至稍微浓稠，最后加入冰糖调味即可。

百花蛋卷

材料
虾仁300克、鸡蛋清1大匙、鸡蛋液（2个鸡蛋量）、烧海苔1张

调料
盐1/2小匙、白糖1/2小匙、胡椒粉1/4小匙、香油1/2小匙、淀粉1小匙

做法

1. 先将虾仁洗净，用干纸巾吸去水分。
2. 将虾仁以刀背剁成泥。
3. 虾泥、蛋清与所有调味料混合后摔打搅拌均匀。
4. 将鸡蛋液用平底锅煎成蛋皮后摊开，将拌好的虾泥平铺蛋皮上，覆盖上海苔，再压平，卷成圆筒状。
5. 将蛋卷放入锅中，以中火蒸约5分钟后取出放凉，切成约2厘米的卷状即可。

十谷米粥

材料
十谷米150克、大米50克、水适量

调料
红糖20克、白糖100克

做法
1. 十谷米洗净，泡水约6个小时后沥干水分备用。
2. 大米洗净并沥干水分备用。
3. 将十谷米、大米一起放入砂锅中，倒入水拌匀，以中火煮至滚开后改转小火加盖熬煮约30分钟至米熟软，熄火继续焖约5分钟，最后加入所有调味料调味即可。

五味鲜虾

材料
鲜虾12尾、小黄瓜50克、菠萝片60克、五味酱4大匙

做法
1. 鲜虾去肠泥；小黄瓜、菠萝片切丁。
2. 煮一锅水至沸腾，将鲜虾放入锅煮约2分钟至熟，取出冲水，剥去虾头及虾壳备用。
3. 鲜虾、小黄瓜及菠萝丁加入五味拌酱拌匀。

五味酱

材料： 葱15克、姜5克、蒜头10克、陈醋15克、白糖35克、香油20克、酱油40克、辣椒酱30克、西红柿酱50克

做法：
1. 将蒜头磨成泥；姜洗净切成细末；葱洗净切成葱末，备用。
2. 将蒜泥、姜末、葱花及其余所有材料混合拌匀至白糖溶化即可。

红豆荞麦粥

材料
红豆100克、荞麦80克、大米50克、水适量

调料
白糖120克

做法
① 荞麦洗净，泡水约3个小时后沥干水分备用。
② 红豆洗净，泡水约6个小时后沥干水分备用。
③ 大米洗净并沥干水分备用。
④ 将荞麦、红豆放入电饭锅内锅中，加入水拌匀，按下煲粥键，煮至开关跳起，继续焖约5分钟，再加入大米拌匀，煮至开关跳起，再焖约5分钟，加入白糖拌匀即可。

糖蜜莲藕

材料
莲藕2节、长粒糯米120克、枸杞子1大匙、桂圆肉1大匙、牙签4支、水适量

调料
红糖80克

做法
① 将莲藕去皮，切去一边的蒂头，蒂头留着备用。
② 长粒糯米洗净，泡适量水（材料外）约2个小时后沥干；枸杞子、桂圆肉洗净，泡水至软备用。
③ 将长粒糯米塞入莲藕洞孔中（可用筷子辅助），填满后再用牙签将留下的莲藕蒂头固定回去，合成完整莲藕。
④ 取汤锅，放入处理好的莲藕、桂圆肉、枸杞子加入红糖和水，以中小火炖煮约80分钟直至莲藕软化即可。

芋泥紫米粥

材料
芋头200克、紫米100克、大米100克、水适量

调料
冰糖120克、白糖少许

做法
① 紫米洗净,泡水约6个小时后沥干水分备用。

② 大米洗净并沥干水分备用。

③ 汤锅中倒入水和紫米、大米以中火拌煮至滚开,改小火加盖焖煮约25分钟,最后加入冰糖调味。

④ 芋头洗净,去皮后切片,放入电饭锅内锅中,按下煮粥键,煮至开关跳起,取出趁热压成泥状并加入少许白糖调味,以汤匙挖取适量搓成圆球状备用。

⑤ 将紫米粥盛入碗中,再放入备好的芋泥球,食用时稍微搅拌均匀即可。

杏仁豆腐

材料
杏仁露2大匙、明胶粉2大匙、炼乳3大匙、什锦水果3大匙、糖水300毫升、水500毫升

做法
① 取一锅,加入500毫升水煮滚,再加入炼乳煮至溶匀,接着加入明胶粉、杏仁露拌匀至融化。

② 将融好的溶液倒入容器内,静置待凉后放入冰箱冷藏,冰至凝固后取出,此即为杏仁豆腐。

③ 将杏仁豆腐切成小方丁,加入糖水及什锦水果混合即可。

枣粥

材料

黑枣60克、大米40克、圆糯米50克、苹果2个、水适量

调料

白糖100克

做法

1. 苹果去皮去籽后，切厚片备用。
2. 大米及圆糯米洗净后与水放入内锅中，再放入黑枣和苹果片。
3. 将内锅放入电饭锅中，按下开关煮至开关跳起。
4. 打开电锅盖，加入白糖拌匀即可。

猪肝炒面

材料

煮熟鸡蛋面100克、猪肝30克、葱50克、胡萝卜10克、姜10克、油葱酥10克

调料

酱油1大匙、香油1小匙

做法

1. 猪肝洗净切片；小葱洗净切段；胡萝卜洗净切片；姜洗净切片。
2. 取锅，加入少许香油和油葱酥炒香，放入猪肝片、胡萝卜片、葱段、姜、煮熟鸡蛋面和调味料焖煮至熟后即可。

桂花红枣粥

材料
大米40克、圆糯米50克、去核红枣50克、桂圆肉20克、水适量

调料
桂花酱适量、白糖100克

做法
1. 去核红枣切片备用。
2. 大米及圆糯米洗净后与水放入内锅中，再放入红枣片和桂圆肉。
3. 将内锅放入电饭锅中，按下开关煮至开关跳起。
4. 打开电锅盖，加入白糖及桂花酱拌匀即可。

三丝炒面

材料
煮熟鸡蛋面150克、黑木耳10克、胡萝卜10克、小黄瓜10克、洋葱20克、猪肉丝20克、食用油适量

调料
白胡椒粉1/2小匙、盐1/2小匙、陈醋1小匙、白糖1小匙

做法
1. 黑木耳、胡萝卜、小黄瓜和洋葱洗净沥干，切丝备用。
2. 取锅，加入少许油烧热，放入洋葱丝和猪肉丝炒香后，加入剩余的材料和调味料拌炒焖煮至熟即可。

绿豆薏米粥

材料
绿豆100克、薏米80克、大米50克、水适量

调料
白糖120克

做法
① 绿豆和薏米一起洗净，泡水约2个小时后沥干水分；大米洗净沥干水分。
② 将绿豆、薏米和大米放入电饭锅内锅中，加入水拌匀，煮至开关跳起，继续焖约10分钟，再加入白糖调味即可。

美味关键 甜粥所用的糖并没有限定为哪一种，细砂糖、冰糖、白糖或是红糖都可以，如果想要香气浓就选择白糖或是红糖，想要养生则选用冰糖或红糖，可增加滋养功效。

辣豆瓣鱼皮丝

材料
鱼皮250克、洋葱1个、香菜3根、葱1根、红辣椒1个

调料
香油1大匙、辣椒油1大匙、辣豆瓣酱1小匙、白糖1小匙、白胡椒粉少许

做法
① 将鱼皮放入滚水中氽烫，捞起后泡水冷却，沥干备用。
② 将洋葱、红辣椒及葱洗净切丝；香菜洗净切碎备用。
③ 取一容器加入所有调味料，再加入所有材料，略为拌匀即可。

PART7

山珍海味饭，
解馋饱腹营养高

不管是手工腌制而成的特选腊肠、火腿，还是烤到外酥内嫩滴着肉汁的叉烧与烤鸭，抑或是珍贵鲜美的樱花虾干、干贝、鲷鱼片，这些来自山林与大海的美味，加入电饭锅中经过半小时以上的蒸煮，让山珍海味的精华完全融入一粒粒晶莹剔透的米饭中，每一口吃起来都无比的鲜美，选择你喜欢的食材和米饭搭配，你也能轻松享用一碗融合这些美味的山珍海味饭！

善用罐头、方便食材来调味

想要更轻松就让一锅饭好吃，有时不需要利用太复杂的调味料。只需利用一些本身已经有味道的食材或罐头，不但方便还能突显美味。下面就来看看哪些食材能方便运用。

腌制肉品

腌制肉品像是火腿、腊肉、腊肠、香肠、熏肉，都是用分量很重的盐来腌制，带有浓郁的口味。像是广式料理的煲仔饭也都会加入这些腌制的肉品，我们就利用同样道理来做菜饭，让电饭锅内的高温将腌制肉品的鲜味煮出来，让米饭吸收这些味道，尝起来就不会过咸，饭也多了一种风味。而这些腌制肉品本身味道就够，无须再添加过多的食材或是调味去搭配，避免一整锅菜饭融合了太多的味道，不够美味。

高汤块（罐）

各式各样口味的高汤块与高汤罐，绝对是料理的好帮手。有了它不用再熬煮动辄花费两三小时的一锅高汤，做出来的料理一样鲜美好吃，所以用它来煮菜饭再适合不过了。这些实时高汤可以取代全部煮饭用的水，让米饭或杂粮吸收高汤的精华，比起用水煮好吃多了。不过因为这种高汤是浓缩成分，分量与调味要拿捏一下，以免过咸。此外，高汤块记得先用热水溶解，再倒入电饭锅中煮！否则可能因溶解不均匀，而会吃到一整块的高汤块。

腌渍蔬菜

梅干菜、菜脯、雪菜也是属于重口味的食材，放入菜饭中一样能释放出鲜美的味道。比起新鲜蔬果，这些腌过的蔬菜多了一股浓郁的味道，因为经过长时间的腌制，风味都浓缩在里头，通过高温的烹煮，蔬菜的营养和风味会释放出来，米饭就能吸收这些醇厚的滋味。当然，因为经过腌制，蔬果的某些营养成分会流失，因此腌菜只能当作菜饭中的配角，不能完全取代蔬菜，稍微加入一点新鲜的蔬果会更健康。此外，这些腌菜都带有很多的杂质，在入锅前记得清洗干净，以免破坏口感。

罐头

　　罐头是最方便用来替菜饭调味的食材了，像是花瓜、肉酱、鳗鱼、珍菇这些罐头本身已经调好味道，而且味道通常很重，在烹煮的时候也就不需要再经过度复杂的调味，是相当方便的方法。加入饭中看起来也非常的丰盛，不管是味道还是分量都能为饭加分。但是使用罐头调味时，分量一定要斟酌，加入罐头时，宁可少加也不要过多，以免味道无法补救。

干货

　　香菇、虾米、干贝、海带芽这些原本用来大火爆香提味的干货，用来代替菜饭增味也很棒。因为晒干了，所以浓缩了食材的鲜味，有替菜品画龙点睛的作用，有时候比起新鲜的食材还要鲜美。但是使用这些干货之前要先泡开，才能让味道跟口感提升，直接下锅可是会干硬，味道释放不出来。而泡过干货的水不要丢弃，直接代替部分煮饭的水，才不会浪费了营养的精华。

调味酱

　　豆瓣酱、XO酱这些方便的调味酱，风味独特是调味的好选择，可别以为用蒸煮烹调的菜品不能加入这些酱料，利用这些酱浓郁的风味，随便煮菜饭都美味。不过在使用上有些需注意的地方，像是含淀粉太多的调味酱最好等煮熟再拌入，不然容易沉淀烧焦；而加入的酱料也要与所有食材充分拌匀，才能让每一口都吃到好味道。

叉烧香芹饭

材料
叉烧肉240克、芹菜60克、大米2杯、水适量

调料
盐1/2小匙、白胡椒粉1/2小匙

做法
1. 叉烧肉切丁；芹菜洗净去叶，切末备用。
2. 大米洗净沥干水分，放入电饭锅中加入水和盐，铺上叉烧肉丁，按下煮饭键煮熟。
3. 煮熟后打开电饭锅，撒上白胡椒粉和芹菜末拌匀即可。

美味关键 买叉烧肉时，店家若附卤汁，可将卤汁取代材料中部分的水（约1/2），而且不用再加盐，煮出的饭会更香更好吃。

樱花虾菜饭

材料
樱花虾60克、大米2杯、圆白菜160克、葱花适量、水适量

调料
盐1/2小匙、色拉油1大匙、蒜蓉3大匙

做法
1. 圆白菜洗净切小片备用。
2. 大米洗净沥干水分，放入电饭锅中加入水和所有调味料，铺上圆白菜片和樱花虾，按下煮饭键煮熟。
3. 煮熟后打开电饭锅，撒入葱花拌匀即可。

红烧鳗鱼饭

材料
罐装红烧鳗鱼2罐（约200克）、大米2杯、圆白菜250克、葱花适量、水适量

调料
盐1/4小匙、红葱油2大匙

做法
1. 圆白菜洗净切片，备用。
2. 大米洗净沥干水分，放入电饭锅中加入水和所有调味料，铺上圆白菜片和红烧鳗鱼，按下煮饭键煮熟。
3. 煮熟后打开电饭锅，撒入葱花拌匀即可。

鲷鱼山药饭

材料
鲷鱼肉300克、山药150克、大米2杯、姜末10克、葱花适量

调料
红葱油3大匙、盐1/4小匙、白胡椒粉1/2小匙

做法
1. 山药洗净去皮切丁；鲷鱼肉切丁，放入滚沸的水中汆烫，捞出沥干水分，备用。
2. 大米洗净沥干水分，放入电饭锅中加入水、红葱油、盐和姜末，铺上山药丁和鲷鱼肉丁，按下煮饭键煮熟。
3. 煮熟后打开电饭锅，撒上白胡椒粉、葱花后拌匀即可。

圆白菜培根饭

材料
大米2杯、圆白菜180克、洋葱80克、培根100克、红甜椒丁少许、水适量

调料
盐1/2小匙、色拉油1大匙

做法
1. 圆白菜洗净后切小片、洋葱切丁、培根切小片，备用。
2. 大米洗净沥干水分，放入电饭锅中加入水和所有调味料，铺上圆白菜片、洋葱丁以及培根片，按下煮饭键煮熟。
3. 煮熟后打开电饭锅拌匀，撒上少许红甜椒丁即可。

芋头油葱饭

材料
芋头200克、葱花40克、长糯米2杯、猪肉馅150克、白胡椒粉1/2小匙、水适量

调料
红葱油3大匙、盐1小匙

做法
1. 芋头去皮洗净，切丁备用；猪肉馅放入滚沸的水中汆烫一下，捞出沥干水分备用。
2. 长糯米洗净沥干水分，放入电饭锅中加入水、红葱油以及盐，铺上芋头丁和猪肉馅，按下煮饭键煮熟。
3. 煮熟后打开电饭锅，撒上白胡椒粉和葱花拌匀即可。

螺肉香菇饭

材料
罐装螺肉1罐、鲜香菇100克、大米2杯、葱花
适量

调料
白胡椒粉1/2小匙、红葱油2大匙

做法

1. 螺肉切丁（汤汁保留）；鲜香菇洗净切
   丝，备用。

2. 大米洗净沥干水分，放入电饭锅中加入
   2杯螺肉汤汁（不够则以水取代）和红葱
   油，铺上螺肉丁和鲜香菇丝，按下煮饭键
   煮熟。

3. 煮熟后打开电饭锅，撒上白胡椒粉和葱花
   拌匀即可。

咸蛋肉末饭

材料
熟咸蛋2颗、猪肉馅150克、大米2杯、胡萝卜80
克、葱花适量、水适量

调料
红葱油1大匙、白胡椒粉1/2小匙、盐1/6小匙

做法

1. 熟咸蛋去壳切碎；胡萝卜洗净、去皮切
   丁；猪肉馅放入滚沸的水中氽烫，捞出沥
   干水分，备用。

2. 大米洗净沥干水分，放入电饭锅中加入水、
   红葱油和盐，铺上熟咸蛋碎、胡萝卜丁以及
   猪肉馅，按下煮饭键煮熟。

3. 煮熟后打开电饭锅，撒上白胡椒粉和葱花拌
   匀即可。

腊肉板栗饭

材料
腊肉200克、板栗160克、大米2杯、姜末5克、水适量

调料
红葱油2大匙、盐1/2小匙

做法
1. 板栗洗净，浸泡在冷水中约4个小时至膨胀，捞出沥干水分，切厚片备用。
2. 腊肉洗净切小片备用。
3. 大米洗净沥干水分，放入电饭锅中加入水、姜末以及所有调味料，铺上板栗片和腊肉片，按下煮饭键煮熟。
4. 煮熟后打开电饭锅拌匀即可。

雪菜肉丝饭

材料
雪菜180克、猪肉丝240克、大米2杯、姜末10克、水适量

调料
盐1/2小匙、红葱油2大匙

做法
1. 猪肉丝放入滚沸的水中汆烫，捞出沥干水分备用；雪菜洗净，挤干水分切碎，备用。
2. 大米洗净沥干水分，放入电饭锅中加入水、红葱油和盐，铺上猪肉丝、雪菜碎和姜末，按下煮饭键煮熟。
3. 煮熟后打开电饭锅拌匀即可。

南瓜火腿饭

材料

南瓜240克、火腿100克、大米2杯、蒜蓉20克、葱花适量、水适量

调料

盐1/2小匙、色拉油1大匙

做法

1. 南瓜洗净、去皮、去籽切小丁；火腿切小片，备用。
2. 大米洗净沥干水分，放入电饭锅中加入水和所有调味料，铺上南瓜丁、火腿片以及蒜蓉，按下煮饭键煮熟。
3. 煮熟后打开电饭锅，撒上葱花拌匀即可。

泡菜猪肉饭

材料

韩式泡菜260克、猪肉丝280克、大米2杯、洋葱丝60克、葱花适量、水适量

调料

红葱油2大匙、盐1/4小匙

做法

1. 猪肉丝放入滚沸的水中汆烫，捞出沥干水分备用。
2. 韩式泡菜切碎（保留约1/2杯的泡菜汤汁），备用。
3. 大米洗净沥干水分，放入电饭锅中加入水、所有调味料和泡菜汤汁，铺上猪肉丝、洋葱丝以及韩式泡菜碎，按下煮饭键煮熟。
4. 煮熟后打开电饭锅，撒上葱花拌匀即可。

烤鸭芥菜饭

材料
烤鸭肉320克、芥菜心350克、大米2杯、姜末15克、水适量

调料
盐1/2小匙、白胡椒粉1/2小匙

做法
1. 烤鸭肉切丁；芥菜心剥开洗净，放入滚沸的水中氽烫，捞出冲冷水至凉，略挤干水分后切条，备用。
2. 大米洗净沥干水分，放入电饭锅中加入水和盐，铺上烤鸭肉丁、芥菜心条以及姜末，按下煮饭键煮熟。
3. 煮熟后打开电饭锅，撒上白胡椒粉拌匀即可。

美味关键 买烤鸭时若附有卤汁，可将卤汁取代部分水（约1/2），如此就不用加盐，且煮出的饭更香更好吃。

香菇鸡肉饭

材料
泡发香菇160克、去骨鸡腿肉320克、大米2杯、红枣30克、姜末10克、水适量

调料
盐1/2小匙、红葱油2大匙

做法
1. 红枣洗净去核切小片；泡发香菇切丁，备用。
2. 去骨鸡腿肉洗净切丁，放入滚沸的水中氽烫，取出沥干水分备用。
3. 大米洗净沥干水分，放入电饭锅中加入水和所有调味料，铺上红枣片、香菇丁、姜末以及去骨鸡腿肉丁，按下煮饭键煮熟。
4. 煮熟后打开电饭锅拌匀即可。

豆仁香肠饭

材料

毛豆仁100克、香肠200克、大米2杯、胡萝卜60克、水适量

调料

盐1/4小匙、红葱油2大匙

做法

1. 香肠切丁；胡萝卜洗净去皮切丁；毛豆仁洗净，备用。
2. 大米洗净沥干水分，放入电饭锅中加入水和所有调味料，铺上香肠丁、胡萝卜丁和毛豆仁，按下煮饭键煮熟。
3. 煮熟后打开电饭锅拌匀即可。

黄豆排骨饭

材料

黄豆80克、猪排骨300克、大米2杯、水适量

调料

红葱油3大匙、盐1小匙

做法

1. 黄豆洗净浸泡在冷水中约4个小时至膨胀，捞出沥干水分备用。
2. 猪排骨洗净剁小块，放入滚沸的水中汆烫后捞出沥干水分备用。
3. 大米洗净沥干水分，放入电饭锅中加入水和所有调味料，铺上黄豆和猪排骨块，按下煮饭键煮熟。
4. 煮熟后打开电饭锅拌匀即可。

瓜子肉酱饭

材料

瓜子肉酱罐头160克（2罐）、大米2杯、毛豆仁140克、胡萝卜100克、水适量

做法

1. 胡萝卜洗净、去皮、切丁备用。
2. 大米洗净沥干水分，放入电饭锅中加入水，铺上胡萝卜丁、毛豆仁以及瓜子肉酱，按下煮饭键煮熟。
3. 煮熟后打开电饭锅拌匀即可。

肉干什锦菇饭

材料

猪肉干150克、金针菇60克、灵芝菇100克、鲜香菇60克、糙米2杯、葱花适量、水适量

调料

红葱油3大匙、盐1/2小匙、白胡椒粉1/2小匙

做法

1. 猪肉干切小片；金针菇洗净切段、灵芝菇洗净切小片、鲜香菇洗净切片，一起放入滚沸的水中汆烫，捞出沥干水分，备用。
2. 糙米洗净沥干水分，放入电饭锅中加入水浸泡约30分钟，加入盐和红葱油，铺上猪肉干片、金针菇段、灵芝菇片以及鲜香菇片，按下煮饭键煮熟。
3. 煮熟后打开电饭锅，撒上白胡椒粉、葱花拌匀即可。

西红柿鲔鱼饭

材料
大米2杯、西红柿160克（约2个）、洋葱80克、鲔鱼罐头1罐（约150克）、葱花少许、水适量

调料
盐1/4小匙

做法
1. 西红柿放入滚沸的水中汆烫，去皮后切丁备用。
2. 洋葱洗净去皮切丁；罐装鲔鱼剥碎（罐头内汤汁保留），备用。
3. 大米洗净沥干水分，放入电饭锅中加入水和盐，铺上西红柿丁、洋葱丁以及鲔鱼碎，按下煮饭键煮熟。
4. 煮熟后打开电饭锅，加入少许罐头汤汁拌匀，撒上少许葱花即可。

罐头牛肉饭

材料
花生面筋罐头2罐（约240克）、牛肉碎250克、大米2杯、红甜椒丁适量、水适量

调料
盐1/2小匙

做法
1. 牛肉碎放入滚沸的水中汆烫，捞出沥干水分备用。
2. 大米洗净沥干水分，放入电饭锅中加入水和盐，铺上牛肉碎、花生面筋，按下煮饭键煮熟。
3. 待煮熟后打开电饭锅，撒上红甜椒丁拌匀即可。

火腿玉米饭

材料
火腿120克、玉米粒120克、大米2杯、胡萝卜80克、洋葱100克、葱花少许、水适量

调料
盐1/2小匙、红葱油2大匙

做法
1. 火腿切小片；胡萝卜、洋葱洗净去皮切小丁，备用。
2. 大米洗净沥干水分，放入电饭锅中加入水和所有调味料，铺上火腿片、胡萝卜丁、洋葱丁及玉米粒，按下煮饭键煮熟。
3. 煮熟后打开电饭锅拌匀，撒上少许葱花即可。

香蒜吻仔鱼饭

材料
大米2杯、吻仔鱼120克、葱花适量、水适量

调料
蒜蓉4大匙、盐1/2小匙、色拉油1大匙

做法
1. 大米洗净沥干水分，放入电饭锅中加入水和所有调味料，再铺上吻仔鱼，按下煮饭键煮熟。
2. 煮熟后打开电饭锅，撒上葱花拌匀即可。

风鸡菜饭

材料
大米2杯、烟熏风干鸡腿240克、上海青500克、姜末15克、水适量

调料
色拉油3大匙、盐1/2小匙、白胡椒粉1/2小匙

做法
1. 风干鸡腿去骨切丁，备用。
2. 上海青洗净，放入滚沸的水中汆烫，捞出冲冷水至凉，挤干水分后切碎备用。
3. 大米洗净沥干水分，放入电饭锅中加入水、盐和色拉油，铺上风干鸡腿肉丁、上海青碎以及姜末，按下煮饭键煮熟。
4. 煮熟后打开电饭锅，撒上白胡椒粉拌匀即可。

白菜咸肉饭

材料
大白菜600克、咸猪肉200克、大米2杯、姜末20克、水适量

调料
色拉油3大匙、盐1/4小匙、白胡椒粉1/2小匙

做法
1. 咸猪肉切丝；大白菜洗净剥开，放入滚沸的水中汆烫，捞出冲冷水至凉，略挤干水分后切丝，备用。
2. 大米洗净沥干水分，放入电饭锅中加入水、盐以及色拉油，铺上咸猪肉丝、大白菜丝以及姜末，按下煮饭键煮熟。
3. 煮熟后打开电饭锅，撒上白胡椒粉拌匀即可。

五谷肉酱饭

材料

五谷米2杯、肉酱罐头2罐(约300克)、青豆仁120克、水适量

做法

① 五谷米洗净沥干水分，放入电饭锅中加入水浸泡约30分钟，备用。

② 于锅内加入肉酱以及青豆仁，按下煮饭键煮熟。

③ 煮熟后打开电饭锅拌匀即可。

红薯鸡丁饭

材料

大米2杯、红薯240克、去骨鸡腿肉320克、姜末10克、葱花适量、水适量

调料

盐1/2小匙、红葱油2大匙

做法

① 红薯洗净去皮切小丁，备用。

② 去骨鸡腿肉切丁，放入滚沸的水中氽烫，捞出沥干水分备用。

③ 大米洗净沥干水分，放入电饭锅中加入水和所有调味料、姜末，铺上红薯丁和去骨鸡腿肉丁，按下煮饭键煮熟。

④ 煮熟后打开电饭锅，撒上葱花拌匀即可。

火腿笋丝饭

材料

大米2杯、金华火腿80克、油笋罐头1罐（280克）、葱花适量、水适量

做法

1. 金华火腿洗净切丝，备用。
2. 大米洗净沥干水分，放入电饭锅中加入水、金华火腿丝以及油笋罐头，按下煮饭键煮熟。
3. 煮熟后打开电饭锅，撒上葱花拌匀即可。

黄瓜虾米饭

材料

黄瓜400克、虾米80克、大米2杯、水适量

调料

盐1/2小匙、红葱油3大匙

做法

1. 黄瓜去皮、洗净、切丝；虾米泡入冷水中至软，捞出洗净沥干水分，备用。
2. 大米洗净沥干水分，放入电饭锅中加入水、所有调味料，铺上黄瓜丝和虾米，按下煮饭键煮熟。
3. 煮熟后打开电饭锅拌匀即可。

牛蒡柴鱼饭

材料

糙米2杯、牛蒡150克、柴鱼片10克、鲜香菇100克、葱花适量、水适量

调料

香菇酱油3大匙、红葱油3大匙

做法

1. 牛蒡去皮洗净切丝；鲜香菇洗净切片，备用。
2. 糙米洗净沥干水分，放入电饭锅中加入水浸泡约30分钟，加入香菇酱油和红葱油，铺上牛蒡丝、鲜香菇片、柴鱼片，按下煮饭键煮熟。
3. 煮熟后打开电饭锅，撒上葱花拌匀即可。

干贝海带芽饭

材料

糙米2杯、干贝4粒、海带芽15克、胡萝卜100克、葱花少许、水适量

调料

红葱油3大匙、盐1小匙

做法

1. 干贝用1杯水泡约1个小时，捞出剥丝备用。
2. 海带芽泡发后挤干水分；胡萝卜去皮切丝，备用。
3. 糙米洗净沥干水分，放入电饭锅中加入水浸泡约30分钟，加入盐和红葱油，铺上干贝丝、海带芽以及胡萝卜丝，按下煮饭键煮熟。
4. 煮熟后打开电饭锅拌匀，撒上少许葱花即可。

虾米海带饭

材料
大米2杯、虾米30克、海带丝150克、姜末10克、水适量

调料
盐1/4小匙、红葱油2大匙、白胡椒粉1/2小匙

做法
1. 海带丝洗净切小段；虾米放入滚沸的水中汆烫，捞出洗净沥干水分，备用。
2. 大米洗净沥干水分，放入电饭锅中加入水、盐、红葱油，铺上海带丝段、虾米以及姜末，按下煮饭键煮熟。
3. 煮熟后打开电饭锅，撒上白胡椒粉拌匀即可。

腊味饭

材料
大米2杯、腊肠100克、腊肉100克、葱花40克、水适量

调料
盐1/2小匙、白胡椒粉1/2小匙

做法
1. 腊肠和腊肉洗净，切丁备用。
2. 大米洗净沥干水分，放入电饭锅中加入水和盐，铺上腊肠丁和腊肉丁，按下煮饭键煮熟。
3. 煮熟后打开电饭锅，撒上白胡椒粉和葱花拌匀即可。

蘑菇卤肉饭

材料

大米2杯、蘑菇150克、卤肉酱罐头2罐（约220克）、洋葱100克、胡萝卜80克、葱花适量、水适量

做法

① 胡萝卜、洋葱洗净去皮切丁；蘑菇洗净切片，备用。

② 大米洗净沥干水分，放入电饭锅中加入水，铺上罐装卤肉酱、胡萝卜丁、洋葱丁以及蘑菇片，按下煮饭键煮熟。

③ 煮熟后打开电饭锅，撒上葱花拌匀即可。

覆菜咸肉饭

材料

大米2杯、覆菜140克、咸猪肉200克、蒜末20克、水适量

调料

色拉油3大匙、盐1/6小匙

做法

① 咸猪肉洗净切丝；覆菜放入滚沸的水中汆烫，捞出冲冷水至凉，挤干水分切碎，备用。

② 大米洗净沥干水分，放入电饭锅中加入水和所有调味料，铺上咸猪肉丝、覆菜碎以及蒜末，按下煮饭键煮熟。

③ 煮熟后打开电饭锅拌匀即可。

人参鸡饭

材料
五谷米2杯、人参须10克、去骨鸡腿肉400克、水3杯

调料
色拉油2大匙、盐1小匙

做法

1. 五谷米洗净放入电饭锅中，加入水浸泡约30分钟，备用。
2. 去骨鸡腿肉洗净切丝，放入滚沸的水中氽烫后捞出，沥干水分备用。
3. 人参须剪短备用。
4. 在锅中放入五谷米并加入所有调味料，铺上去骨鸡腿肉丝和人参须，按下煮饭键煮熟。
5. 煮熟后打开电饭锅拌匀即可。

麻油鸡饭

材料
大米2杯、去骨鸡腿1只、姜末1大匙、水适量

调料
米酒2大匙、胡麻油3大匙

做法

1. 去骨鸡腿洗净后，切块以米酒腌浸备用。
2. 大米洗净放入电饭锅的内锅中，加适量水。
3. 再将鸡腿块放入电饭锅内，按下煮饭键煮熟。
4. 起锅前拌入胡麻油及姜末即可。

姜丝海瓜子饭

材料
海瓜子15颗、蓬莱米360克、燕麦片70克、水适量

调料
姜丝10克、酱油6毫升

做法
1. 将海瓜子壳充分洗干净，放置在筛网上沥干水分备用。
2. 蓬莱米洗净，放置于筛网中沥干，静置30~60分钟备用。
3. 燕麦片稍微清洗沥干备用。
4. 将蓬莱米和燕麦片放入电饭锅中，加入姜丝、酱油及水拌匀后，再均匀放入海瓜子，按下电饭锅煮饭键，煮至电饭锅跳起后，略翻搅，再焖煮10~15分钟即可。

黄豆芽牛肉饭

材料
蓬莱米480克、黄豆芽200克、雪花牛肉100克、水适量

调料
酱油9毫升、料酒15毫升、蒜泥5克、胡椒粉少许、香油10毫升、盐少许

做法
1. 将雪花牛肉切成段，与所有调味料（盐除外）混合拌匀腌渍10分钟备用。
2. 蓬莱米洗净，放置于筛网中沥干，静置30~60分钟备用。
3. 黄豆芽去尾须洗净，沥干备用。
4. 将牛肉片、蓬莱米、黄豆芽和水放入电饭锅中，加入盐混合拌匀，按下电饭锅煮饭键，煮至电饭锅开关键跳起后，翻动米饭，使米饭吸收汤汁均匀，最后焖10~15分钟即可。

香菜蟹肉饭

材料
大米1杯、香菜1/3杯、蟹肉1/2杯、蒜味花生仁2大匙、水适量

调料
盐1大匙、料酒1/2大匙、白糖1/3大匙、胡椒粉1小匙、香油2小匙

做法

1 将香菜洗净浸泡在水中10分钟，捞起沥干水分，将香菜叶一一摘下，香菜茎切末备用。

2 将大米洗净沥干水分，加入1杯水浸泡15分钟，再加入所有调味料拌匀，蟹肉与香菜茎末铺在米上，放入电饭锅中按下煮饭键煮熟，再焖15分钟。

3 打开锅盖后，再加入香菜叶与花生仁，用饭匙略拌匀后，即可盛起食用。

芦笋蛤蜊饭

材料
大米2杯、芦笋6支、蛤蜊1/2斤、海苔丝1大匙、姜丝1大匙、辣椒片1大匙、水适量

调料
红醋2大匙、白糖1/2大匙、盐1小匙、香油2小匙、胡椒粉1小匙

做法

1 将芦笋洗净，切成2~3厘米段。蛤蜊泡水约3个小时，吐沙备用；大米洗净，沥干水分，加入2杯水浸泡15~20分钟。

2 将大米加入调味料、姜丝、辣椒片略拌匀，放入电饭锅中煮熟，开关跳起后焖15分钟。

3 煮一锅开水，放入蛤蜊，蛤蜊的口打开后，熄火，用筷子将蛤蜊肉取出；再放入芦笋烫熟取出。将蛤蜊肉、芦笋和海苔丝拌入煮熟的饭中即成。

西芹咸鱼饭

材料
大米2杯、西芹丁1杯、咸鱼丁2大匙、水适量

调料
Ⓐ 盐1小匙、香油2小匙、胡椒粉1小匙
Ⓑ 红醋2大匙、白糖2大匙

做法
① 将大米洗净沥干水分，加入水浸泡15~20分钟备用；其他材料分别准备好。
② 将咸鱼丁与所有调味料A加入大米中，稍微拌匀，放入电饭锅中煮熟，开关跳起后，再焖15分钟左右。
③ 将盖子打开，放入西芹丁，用饭匙稍微拌一下，再盖卜盖子，焖约3~5分钟后，再将调味料B均匀地洒入，用饭匙拌匀后即可盛起食用。

蒜味八宝饭

材料
蒜头10瓣、猪肉丁1/2杯、八宝米2杯、水适量

调料
白糖1/3大匙、胡椒粉1小匙、色拉油1大匙、盐2小匙
淀粉2小匙

做法
① 将八宝米洗净沥干水分，加入水，浸泡4个小时备用。
② 蒜头去膜切丁，猪肉丁加入调味料腌约10分钟备用。
③ 将蒜头、猪肉丁均匀铺在八宝米上，一起煮熟，煮好后再焖15~20分钟，最后用饭匙由下往上轻轻拌匀即可。

黄花菜饭

材料
新鲜黄花菜100克、香肠1条、大米1杯、水适量

调料
盐1½小匙、白糖2小匙、胡椒粉2小匙、色拉油1/2大匙

做法
1. 将米洗净沥干水分，加入水浸泡15~20分钟备用。黄花菜洗净、沥干备用。
2. 将香肠切成0.5厘米厚的圆片或是切丁。
3. 将所有调味料加入米中，先拌匀，再将香肠片、黄花菜铺在米上，放入电饭锅中煮熟，开关跳起后，先不要打开锅盖，焖15分钟左右。
4. 开关跳起后，用饭匙由下往上轻轻拌匀后，即可盛起食用。

笋香虾仁饭

材料
鲜笋1支、虾仁1/2杯、葱花2大匙、大米2杯、水适量

调料
A 盐1小匙、白糖2小匙、香油2小匙
B 米酒1/2大匙、辣椒粉2小匙

做法
1. 将鲜笋硬壳去除，并将纤维去除，洗净后，切成2厘米斜片段备用；虾仁洗净，去除肠泥后，用热水汆烫备用。
2. 将大米洗净，沥干水分，加入水浸泡15~20分钟，再加入笋段、调味料A稍微拌匀，放入电饭锅中煮熟。开关跳起后，不要打开，先焖约15分钟。
3. 最后打开盖子，加入汆烫过的虾仁、葱花及调味料B拌匀，再加盖焖2~3分钟，取出后即可食用。

三文鱼饭团

材料
三文鱼肉片150克、大米2杯、乌龙茶汁360毫升、水适量

调料
拌饭香松适量、米酒1大匙

做法
1. 三文鱼洗净以米酒腌浸备用。
2. 大米洗净放入电饭锅的内锅中，加乌龙茶汁。
3. 再将三文鱼肉片放入内锅中，将内锅放入电饭锅内，按下煮饭键煮熟。
4. 饭中拌入拌饭香松，并将三文鱼肉片弄碎与米饭拌匀。
5. 取适量饭，包裹为三角饭团即可。

姜丁三文鱼饭

材料
大米1杯、嫩姜丁1/3杯、三文鱼丁1/2杯

调料
盐1小匙

腌料
料酒1大匙、胡椒粉1小匙、香油2小匙

做法
1. 将米洗净沥干水分，再加入水浸泡15~20分钟备用。
2. 三文鱼丁加入腌料略腌10分钟备用。
3. 再将嫩姜丁、三文鱼丁及盐均匀铺在米上一起煮熟，开关跳起后，再焖15分钟，最后用饭匙由下往上轻轻拌匀即可。

PART8

杂粮多吃法，
米面糕点样式新

　　谁说美食一定要大鱼大肉？简单的食材也能享用最美的味道！哪怕只是一点米，一点面，一点杂粮，一样可以花样百出，煎饺、炒面、杂粮饭，天然风味的五谷杂粮想吃就吃，将这些食材与田野的新鲜蔬果，一起放入电饭锅中，经过蒸煮后，就能品尝最原始的味道！

美味又好吃的杂粮

菜饭加入杂粮，好吃又健康

那么有哪些适合加入菜饭中一起烹调的杂粮呢？让我们这就来认识一下吧！

薏米

又分大、小薏米，中医食疗中有消水肿与美白的作用，以中医来看，大薏米功效较佳，但不容易熟透，需浸泡比较久。因为会促进子宫收缩，孕妇千万别食用。

红薯、芋头

拥有大量膳食纤维的红薯、芋头多吃可以改善排便不顺的困扰，更可借此排除累积在体内的毒素，近年来风行的排毒餐就是运用红薯的这些效用。

红豆

红豆在中药医学上用来消水肿、利气、健脾、清热解毒，此外因为具有丰富的铁质，对于贫血的女性也有很好的滋补作用。

莲子

莲子是荷花的种子，以湖南的"湘莲"最有名。莲子含有丰富的蛋白质，多吃莲子不仅可以安神，还可以让肌肤健康有光彩。

芡实

芡实是一种睡莲科植物的种子，俗称鸡头米，是四神汤材料中不可或缺的食材之一，含有丰富的淀粉及少量的蛋白质。

黄豆

黄豆含有大量的蛋白质，是吃素的人获取蛋白质的最佳来源。不过豆类都不易煮透，煮之前最好先浸泡一段时间。

杂粮不再又硬又干、蔬菜不再又糊又烂

干硬杂粮煮法

因为许多杂粮都是干硬的口感，如果直接下锅煮有些可能会煮不透，吃起来会又干又硬，最好事先将这些杂粮浸泡，口感就不会那么硬，也比较容易煮透。

易熟叶菜煮法

大多叶菜类很容易就煮熟，最好不要一开始就跟米饭一起煮，最好等到米饭完全煮熟再拌入叶菜用余热焖熟，如果害怕煮不熟也可以事先氽烫过再拌入，但是烫过的青菜记得将水分挤干，否则多余的水分会将菜饭弄得黏糊糊的。而根茎类或是耐煮的叶菜，像圆白菜就可以一开始就下锅一起煮。

XO酱圆白菜饭

材料
大米2杯、XO酱160克、圆白菜300克、水适量

调料
盐1/4小匙

做法
1. 圆白菜洗净切片，备用。
2. 大米洗净沥干水分，放入电饭锅中加入水和盐，铺上XO酱和圆白菜片，按下煮饭键煮熟。
3. 煮熟后打开电饭锅拌匀即可。

珍菇饭

材料
大米2杯、珍菇罐头2罐（约300克）、猪肉馅200克、芹菜末30克、水适量

调料
红葱油1大匙、盐1/6小匙、白胡椒粉1/2小匙

做法
1. 猪肉馅放入滚沸的水中汆烫，捞出沥干水分备用。
2. 大米洗净沥干水分，放入电饭锅中加入水、盐以及红葱油，铺上猪肉馅和珍菇，按下煮饭键煮熟。
3. 煮熟后打开电饭锅，撒上白胡椒粉和芹菜末拌匀即可。

香葱红薯叶饭

材料
大米2杯、红薯叶300克、姜末15克、水适量

调料
蒜蓉20克、红葱油3大匙、盐1/2小匙、白胡椒粉1/2小匙

做法

① 红薯叶放入滚沸的水中汆烫，捞出冲冷水至凉，挤干水分切碎备用。

② 大米洗净沥干水分，放入电饭锅中加入水、盐、蒜蓉以及红葱油，铺上红薯叶碎和姜末，按下煮饭键煮熟。

③ 煮熟后打开电饭锅，撒上白胡椒粉拌匀即可。

咖喱三色饭

材料
大米2杯、胡萝卜80克、土豆120克、洋葱100克、玉米粒50克、水适量

调料
咖喱2大匙、盐1/2小匙、色拉油1大匙

做法

① 胡萝卜、土豆、洋葱洗净去皮，切丁备用；大米洗净沥干水分，放入电饭锅中加入水和咖喱拌匀。

② 加入其余调味料，铺上胡萝卜丁、土豆丁、洋葱丁、玉米粒，按下煮饭键煮熟。

③ 煮熟后打开电饭锅拌匀即可。

备注：咖喱也能以咖喱粉或咖喱块取代，但是同样要事先调开。

芋头红薯饭

材料
芋头40克、红薯40克、大米140克、水适量

做法
1. 芋头、红薯去皮切小丁备用。
2. 大米洗净沥干水分，与芋头丁、红薯丁一起放入锅中，拌匀后再加入水，放入电饭锅中，按下煮饭键煮熟即可。

美味关键 拥有大量膳食纤维的红薯可以改善排便不顺的困扰，因此近年来流行的乐活餐，红薯可是重要的角色，是简单却有高营养价值的食材，不过有胀气的人不宜多吃。

西红柿蒸饭

材料
洋葱40克、西红柿50克、大米100克、薏米40克、水适量

做法
1. 洋葱去皮切丁；西红柿洗净切丁；薏米用水浸泡约1个小时发涨后沥干，备用。
2. 大米洗净后沥干水分与洋葱丁、西红柿丁、薏米放入电饭锅中，加入水，按下开关键煮至开关跳起，再焖10分钟即可。

山药味噌饭

材料
山药120克、发芽米140克、黄豆酱40克、水适量

做法
1. 山药去皮切小丁；黄豆酱与水拌匀，备用。
2. 发芽米洗净沥干水分，与山药丁、黄豆酱水一起放入锅中，浸泡约20分钟后，放入电饭锅中，按下煮饭键煮熟即可。

美味关键　山药又称淮山或淮山药，含大量的淀粉、黏液质、氨基酸及多种维生素等营养成分，有助于消化。在日本还会磨成泥直接拌饭或做成乌冬面吃。

活力蔬菜饭

材料
糙米100克、芹菜20克、圆白菜40克、胡萝卜30克、玉米粒25克、水适量

做法
1. 圆白菜、芹菜洗净后切丁；胡萝卜去皮切丁，备用。
2. 糙米洗净后沥干水分与圆白菜丁、芹菜丁、胡萝卜丁以及玉米粒放入电饭锅中加入水，浸泡30分钟后，按下煮饭开关煮至开关键跳起，再焖10分钟即可。

菠菜发芽米饭

材料

菠菜100克、发芽米100克、胡萝卜15克、水适量

做法

❶ 菠菜洗净切小段，用沸水汆烫去涩后捞起沥干；胡萝卜去皮切丝，备用。

❷ 发芽米洗净后沥干水分与菠菜段、胡萝卜丝及水拌匀放入电饭锅中，浸泡30分钟后按下电饭锅煮饭开关键煮至开关跳起，再焖10分钟即可。

美味关键 菠菜拥有丰富的营养素，可以补血、帮助消化，但因为其含有草酸，会与钙结合成草酸钙累积体内形成结石，不过草酸在高温下会被破坏减少，因此只要不摄取过多就没问题。

黄豆糙米饭

材料

黄豆60克、糙米120克、水适量

做法

❶ 黄豆用冷水浸泡约4个小时，至涨发后捞起沥干水备用。

❷ 将糙米洗净沥干水分，放入锅中，再加入水与黄豆一起拌匀浸泡约30分钟后，放入电饭锅中，按下煮饭键煮熟即可。

美味关键 一般植物蛋白质的营养价值略逊于动物蛋白质，但黄豆却例外，含有的蛋白质是牛肉的2倍，营养价值可以媲美肉、鱼、奶、蛋类。

牛蒡香菇饭

材料
牛蒡40克、泡发香菇40克、糙米180克、水适量

调料
鲣鱼酱油20毫升

做法
1 牛蒡洗净去皮切薄片；泡发香菇洗净切丝备用。
2 糙米洗净沥干，放入饭锅中，再加入牛蒡片、香菇丝，一起拌匀后加入水、鲣鱼酱油，浸泡约30分钟后，放入电饭锅中，按下煮饭键煮熟即可。

豆芽海带芽饭

材料
黄豆芽70克、海带芽10克、糙米140克、水适量

做法
1 黄豆芽、海带芽洗净备用。
2 糙米洗净沥干水分，与黄豆芽、海带芽一起放入内锅中，拌匀后加入水，浸泡约20分钟后，放入电饭锅中，按下煮饭键煮熟即可。

竹笋饭

材料

鲜笋	500克
蓬莱米	430克
糯米	50克
三角油豆腐	2片
干辣椒	2个
温水	600毫升
水	适量

调料

柴鱼素	2克
料酒	15毫升
盐	3克
酱油	16毫升

做法

1. 鲜笋洗净，勿剥除壳，将尖头斜切去除，纵边划一刀切痕，放入盖过笋面水量的深锅中，加入30克蓬莱米（分量外）及干辣椒，煮约40分钟后，自然冷却，再去壳，削除根部纤维，切0.2cm厚薄片。

2. 蓬莱米洗净，放置于筛网中沥干，静置30~60分钟备用。

3. 糯米洗净，充分沥干水分，放入电饭锅中加入温水，浸泡2个小时备用。

4. 三角油豆腐放入滚水汆烫一下去油渍，捞起充分沥干、切成细末状备用。

5. 将蓬莱米和糯米掺一起，加入处理好的鲜笋、油豆腐末及所有调味料拌均匀，加入适量水，按下电饭锅煮饭键，煮至电饭锅跳起后，翻动米饭，使米饭吸水均匀，最后焖10~15分钟即可。

栗香饭

材料
剥壳板栗100克、蓬莱米160克、糯米320克、温水600毫升、水适量

调料
盐5克、料酒15毫升

做法
1. 蓬莱米洗净，放置于筛网中沥干，静置30~60分钟备用。
2. 糯米洗净，充分沥干水分，放入电饭锅中加温水，浸泡约2个小时备用。
3. 将板栗略冲洗沥干备用。
4. 将蓬莱米、板栗与所有调味料放入电饭锅中和糯米一起略拌，加入适量水，按下电饭锅煮饭键，煮至电饭锅跳起后，翻动米饭，使米饭吸水均匀，最后焖10~15分钟即可。

海苔芝麻饭

材料
海苔粉3克、白芝麻8克、红米50克、大米100克、水适量

做法
1. 红米用水浸泡约1个小时后沥干；白芝麻炒香，备用。
2. 大米洗净后沥干水分与红米拌匀放入电饭锅中，加入适量水，浸泡约30分钟后按下开关煮至开关跳起，再焖10分钟。
3. 趁热撒上炒熟的白芝麻以及海苔粉拌匀即可。

红豆薏米饭

材料

红豆40克、薏米40克、大米100克、水适量

做法

① 红豆用冷水浸泡约4个小时，至涨发后捞起沥干水备用。

② 将大米、薏米洗净沥干水分，放入锅中，再加入水与红豆一起拌匀后，放入电饭锅中，按下煮饭键煮熟即可。

美味关键　红豆和薏米都有利尿的作用，可以利水消肿，红豆更具有补血的功效，对于贫血有一定的功效。以这碗红豆薏米饭代替大米饭，不但可以让你不再水肿，更可以使你气色红润。

花香饭

材料

玫瑰花茶包6克、玫瑰花（干）适量、美国加州玫瑰米320克、蜂蜜15克、水400毫升

做法

① 美国加州玫瑰米稍微冲洗沥干，放置30~60分钟备用。

② 取一小锅，放入400毫升的水煮开后熄火，放入玫瑰花茶包及玫瑰花干浸泡至冷却，捞除茶包留下茶汁和玫瑰花备用。

③ 将玫瑰米、玫瑰茶汁及蜂蜜放入电饭锅中混合拌匀，按下电饭锅煮饭键，煮至按键跳起后，再充分拌匀，最后焖煮10~15分钟。

④ 将煮好的米饭盛入碗中，撒上干燥玫瑰花即可。

山药荸荠饭

材料
山药60克、荸荠60克、五谷米240克、蓬莱米240克、温水600毫升

调料
盐3克

做法
1. 蓬莱米洗净，放置于筛网中沥干，静置30~60分钟备用。
2. 五谷米稍微冲洗，再充分沥干备用。
3. 山药去皮切丁，放入水中；荸荠洗净去皮切丁备用。
4. 将五谷米与温水放入电饭锅中浸渍1个小时后，加入蓬莱米及盐略拌，按下电饭锅煮饭键，煮至电饭锅跳起后，加入山药丁和荸荠丁略拌，使米饭吸水均匀，最后焖10~20分钟即可。

青豆白果饭

材料
青豆仁50克、白果（罐头）30克、蓬莱米320克、海带1段（10cm）、水适量

调料
盐2克

做法
1. 用干净纱布沾水后扭干在海带表面稍微擦拭；白果放入滚水汆烫1分钟捞起，斜切成两半；青豆仁洗净，备用。
2. 蓬莱米洗净，放置于筛网中沥干，静置30~60分钟备用。
3. 将蓬莱米倒入电饭锅中，加入水、海带、白果、青豆仁和盐略拌，按下电饭锅煮饭键，煮至电饭锅按键跳起后，即可将海带取出，并翻动米饭，使米饭吸汁均匀，最后焖10~15分钟即可。

花豆红薯饭

材料
花豆30克、红薯40克、糙米80克、野米40克、水适量

做法
1. 花豆用冷水浸泡约4个小时，至涨发后沥干水；红薯去皮切丁，备用。
2. 将糙米、野米洗净，沥干水分放入锅中，再加入水、花豆、红薯丁，一起拌匀后，浸泡约30分钟，放入电饭锅中，按下煮饭键煮熟即可。

茶香饭

材料
茶叶8克、香米480克

做法
1. 香米稍微冲洗，放置于筛网中沥干，静置30~60分钟备用。
2. 水煮开后熄火，放入6克茶叶浸泡至冷却，沥除茶汁备用。
3. 取剩余茶叶，磨成粉末状备用。
4. 依序将香米、茶水放入电饭锅中混合拌匀，按下电饭锅煮饭键，煮至电饭锅跳起后，再充分拌匀，最后焖煮10~15分钟。
5. 将米饭盛入碗中，撒上茶粉即可。

椰香饭

材料
黑糯米50克、新鲜椰子肉30克、水适量

调料
熟白芝麻5克、熟黑芝麻5克、盐少许

做法
① 黑糯米泡水约20分钟后蒸熟备用。
② 新鲜椰子肉刨成丝备用。
③ 将蒸熟的黑糯米饭拌入混匀的调味料，盛盘后撒上新鲜椰子丝即可。

四神蒸饭

材料
四神药材1包、大米2杯、当归1片、枸杞子10克、水适量

调料
米酒50毫升

做法
① 四神药材洗净备用。
② 大米洗净放入电饭锅的内锅中，加适量水。
③ 四神药材及当归、枸杞子、米酒放入电饭锅内，按下煮饭键煮熟。

美味关键
四神药材是指中医名方四神汤中的四种药材：薏仁、莲子（或党参）、芡实和茯苓，四物一起制成的汤水对人体具有健脾、养颜、降燥等诸多益处。

五谷饭

材料

荞麦30克、黑豆30克、野米30克、小米30克、发芽米60克、水适量

做法

❶ 荞麦、黑豆、野米一起用冷水（材料外）浸泡约4个小时，至涨发后沥干水备用。

❷ 将发芽米、小米、荞麦、黑豆、野米一起洗净，沥干水分放入锅中，再加入水浸泡约30分钟后，放入内锅中，按下开关煮至跳起，再焖15~20分钟即可。

美味关键 发芽米比起大米含有更多的膳食纤维，可以让肠胃蠕动得更顺畅，防治便秘。

桂圆红枣饭

材料

桂圆肉40克、去核红枣20克、大米160克、水适量

做法

❶ 去核红枣切小片备用。

❷ 将大米洗净沥干水分，放入锅中，再加入水、桂圆肉与红枣片一起拌匀，放入内锅中，按下煮饭开关煮至跳起，再焖15~20分钟即可。

美味关键 桂圆有滋补、安神的效用，红枣含丰富蛋白质及维生素C，桂圆和红枣是传统的养生滋补食品，是健康温和的食补佳品，也很适合女性在月经期时食用，让气色更好。

燕麦小米饭

材料
燕麦40克、小米40克、发芽米80克、水适量

做法
1. 将燕麦、小米、发芽米一起洗净，放入锅中。
2. 锅中加入水浸泡约30分钟后，放入电饭锅中，按下开关煮至跳起，再焖15～20分钟即可。

美味关键
燕麦含丰富的膳食纤维，可以改善消化功能、促进肠胃蠕动，并改善便秘的情形，但添加在饭中，应该由少量开始慢慢添加，如果一次食用太多量，可能会造成胀气等情形。

五谷杂粮饭

材料
红米30克、荞麦30克、高粱30克、糙米60克、黑米30克、水适量

做法
1. 将所有材料一起洗净、沥干水分，放入锅中，再加入水浸泡约1个小时后，放入内锅中，按下煮饭开关煮至跳起。
2. 再焖15～20分钟即可。

美味关键
只要是谷类或是杂粮皆可入锅炊煮。这些谷类能对肠胃有很好的调养效果，比起精致的大米更能帮助肠胃蠕动且有饱足感。

蒸蛋糕

📋 材料

低筋面粉　　250克
泡打粉　　　3克
盐　　　　　2克
全蛋　　　　240克
白糖　　　　200克
橄榄油　　　35毫升
牛奶　　　　40毫升
水　　　　　适量

📋 做法

①　将1杯水放入电饭锅中，按下开关，备用。

②　低筋面粉、泡打粉、盐一同过筛。

③　全蛋与白糖倒入钢盆中，隔水加热至43℃后，一同搅拌成蛋糊，打至呈乳白色细泡沫状，用刮刀铲起时蛋糊流速很慢，滴下时呈三角状。

④　橄榄油与牛奶一同拌匀。

⑤　做法2中过筛的面粉倒入做法3的蛋糊中，一同搅拌均匀。取少部分面糊倒入橄榄牛奶中拌匀。

⑥　将调好橄榄牛奶的面糊倒回做法5剩余的面糊里一起拌匀。

⑦　将拌好的面糊装入模具中。

⑧　将模具移入电饭锅，放置做法1已预热的电饭锅的蒸架上，锅里加2杯水，按下开关。

⑨　蒸好后，用一支叉子插入蛋糕体中，如果叉子不会沾黏面糊，表示蛋糕已经蒸熟，即可取出食用。

发糕

材料

Ⓐ 粘米粉40克、低筋面粉160克、泡打粉4克
Ⓑ 白糖140克、水160毫升、红色5号食用色素
少许

做法

❶ 将1杯水放电饭锅外锅中，按下开关，
备用。

❷ 将材料B的白糖和水拌匀，搅至白糖
溶化。

❸ 将材料A的粉料混合过筛，加入糖水和红
色5号食用色素拌匀，再装入模具内约八
分满。

❹ 将模型排入预热好的电饭锅蒸架上，锅内
加1杯水，开关跳起后再焖8分钟即可。

马拉糕

材料

低筋面粉110克、泡打粉5克、蛋黄粉10克、白
糖110克、鸡蛋2个、鲜牛奶30毫升、色拉油45
毫升、小苏打2克、水适量

做法

❶ 低筋面粉、泡打粉和蛋黄粉混合过筛，与
白糖一起拌匀成面糊。

❷ 将鸡蛋加入面糊中，用打蛋器拌匀后，加
鲜牛奶搅拌至白糖完全溶解，再加入色拉油
拌匀。

❸ 将小苏打与水调匀，加入面糊中，用刮刀拌
匀，然后倒入圆形模具静置20分钟。

❹ 锅内倒入4杯水，按下开关，等水开后，再
将面糊放入电饭锅蒸架中蒸至开关跳起，取
出放凉即可切块食用。

台式炒面

材料

鸡蛋面（干）150克、胡萝卜30克、小葱2根、芹菜25克、猪肉丝100克、水适量

调料

酱油2大匙、白糖1/2小匙、盐1/2小匙、白胡椒粉1大匙

做法

1. 胡萝卜削皮、切丝；小葱洗净切段；芹菜洗净去叶、切段备用。

2. 电饭锅盖上盖子、按下开关，待内锅热时倒入少许油，放入小葱段爆香，再加入猪肉丝拌炒至肉色变白，接着放入胡萝卜丝、芹菜段、所有调味料及面条。

3. 电饭锅内倒入少量水，盖上电锅盖，按下蒸煮开关，待开关跳起，盛盘即可。

红薯土豆沙拉

材料

土豆2个、红薯1个、鸡蛋1个、蛋黄酱适量

做法

1. 土豆去皮、切片；红薯去皮、切丁；鸡蛋洗净，备用。

2. 将内锅装入土豆片、红薯丁、少许水、鸡蛋一起煮，盖上盖子、按下开关，待开关跳起，取出土豆压成泥，鸡蛋剥壳切碎。

3. 取一容器，加入土豆泥、鸡蛋碎及适量蛋黄酱均匀搅拌，最后拌入红薯丁，表面再挤上适量蛋黄酱即可（可另加入小黄瓜片装饰）。

品质悦读 ｜ 畅享生活